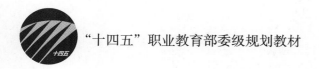

"十四五"职业教育部委级规划教材

工艺模板开发实训教程

李艳梅　吴世刚　高接枝　著

中国纺织出版社有限公司

内 容 提 要

随着社会的进步、工业的迅速发展，以及人工费用的增加，缝纫机的自动化需求越来越大，全自动缝纫机不仅节约人工成本，而且效率显著提升。全自动模板缝纫机需配合相应工艺模板对面料进行缝制。

本书主要通过案例的形式讲解工艺模板的制作过程。首先介绍模板制作需要用到的材料及模板制作的注意事项，然后从应用角度进行分类，在各类别中选取比较典型的案例来讲解工艺模板的制作过程，通过各个案例的学习来提高软件使用者的熟练程度。

本书既可作为学习教材供服装院校师生、服装企业技术人员、短期培训学员学习使用，也可作为企业提高从业人员技术技能的培训教材，供广大工艺模板爱好者参考。

图书在版编目（CIP）数据

工艺模板开发实训教程 / 李艳梅，吴世刚，高接枝著．-- 北京：中国纺织出版社有限公司，2023.3

"十四五"职业教育部委级规划教材

ISBN 978-7-5229-0340-8

Ⅰ．①工…　Ⅱ．①李…　②吴…　③高…　Ⅲ．①缝纫机 – 软件开发 – 职业教育 – 教材　Ⅳ．① TS941.5–39

中国国家版本馆 CIP 数据核字（2023）第 027727 号

责任编辑：宗　静　苗　苗　　特约编辑：朱静波
责任校对：王蕙莹　　　　　　　责任印制：王艳丽

中国纺织出版社有限公司出版发行
地址：北京市朝阳区百子湾东里A407号楼　邮政编码：100124
销售电话：010—67004422　传真：010—87155801
http://www.c-textilep.com
E-mail:faxing@c-textilep.com
官方微博 http://weibo.com/2119887771
北京通天印刷有限责任公司印刷　各地新华书店经销
2023年3月第1版第1次印刷
开本：787×1092　1/16　印张：7.25
字数：153千字　定价：59.80元

凡购本书，如有缺页、倒页、脱页，由本社图书营销中心调换

前言

　　随着服装产业的转型、升级与发展，服装模板工艺在工艺设计工作中的地位不断提高，对工艺的要求也越来越严格。目前，我国的制板大多还是采用传统手工制板的方法，这种制图操作模式是常用的制图方法，也是计算机制图和制板的基础。

　　目前，中国服装产业出现了"外贸不振、内需放缓、成本上扬、人力短缺"等现象。"招工难、用工贵、利润低"严重困扰着产业的发展，为了摆脱这一困境，必须运用现代化信息技术对传统的缝制设备进行升级换代。这就要求企业必须使用现代化的高科技手段，加快产品的开发速度，提高快速反应能力。工艺模板开发技术就是在这种产业背景下诞生的。此技术是计算机技术与服装工业结合的产物，它是企业提高工作效率、增强创新能力和市场竞争力的一个有效工具。工艺模板开发是传统工艺技术与机械工程及CAD数字化原理相结合的新型技术。它的诞生给生产企业带来了新的制造理念和生产模式，掀起了缝制工业领域的浪潮。

　　本书以富怡服装模板CAD软件为基础平台，全面系统地介绍工艺模板开发，着重介绍工艺模板制作流程和操作技能。本书按照工业化工艺模板制作流程进行编写，每个步骤都是以图文并茂的方式讲解，以具体的操作步骤指导读者进行工艺模板开发。本书具有较强的科学性、实用性，同时与现代企业的实践操作相结合，便于读者自学，真正达到边学边用、学以致用的效果。

　　本书共分为七章，第一章工艺模板概述，包括工艺模板的起源与发展、工艺模板的应用价值、工艺模板的分类和使用材料、工艺模板的设计制作注意事项；第二章服装类工艺模板开发案例，包括羽绒服模板、工装模板、棉服模板、防弹衣模板；第三章鞋帽类工艺模板开发案例，包括鞋类工艺模板、帽檐工艺模板；第四章箱包类工艺模板开发案例，包括背包海绵靠背工艺模板、背包背带工艺模板；第五章家纺类工艺模板开发案例，包括羽绒被、棉被模板，打枣垫模板，沙发靠背模板；第六章汽车类工艺模板开发案例，包括汽车冲孔模板、汽车内饰扶手模板、汽车遮阳板模板、汽车安全气囊模板；第七章特型工艺模板开发案例，包括宠物项圈模板、火箭隔热层模板、空调隔热垫模板。

　　本书在编写过程中得到了上工富怡智能制造（天津）有限公司与北京凯德凯姆科技有限公司的帮助及相关行业专业人员的支持，笔者在此表示感谢。

　　由于编写时间仓促，本书难免有不足之处，敬请广大读者批评指正。

著者

2022年11月

目录

第一章　工艺模板概述

工艺模板是一种在缝制过程中起到夹住原材料作用的辅助工具，是服装工艺与机械工程及软件CAD数字化原理相结合的一种新型应用技术。这种技术来源于模具学中的工装夹具设计原理，利用全自动设备在PVC板、金属板等材料上面按照工艺缝合的需求设定尺寸开槽，通过在全自动缝制设备上安装或改装相对应的模板及对应的针板、压脚、松线装置等工具，实现了按照模具开槽轨迹进行车缝。

第一节　工艺模板的起源与发展

近年来，随着劳动成本和原材料成本的不断上涨，工艺模板技术越来越凸显出其工业应用价值，工艺模板技术的应用彻底颠覆了车间传统的生产加工方式，真正地实现了生产效率的大幅提升，而且保证了产品标准化的精品品质。工艺模板技术应用于服装类、家纺类、箱包类、鞋帽类、汽车类及特殊工艺缝制等工序上，将复杂的工序变得简单化、标准化，提升生产效率，降低次品率，降低对专业缝制技术人员的依赖程度，直接有效地解决了企业的用工难题，并提高了产品品质及生产时间的稳定性。

一、工艺模板技术的起源

工艺模板应用范围广，最早应用于服装领域，下面主要介绍服装模板工艺技术的起源。

服装模板工艺技术起源于20世纪60年代的德国，最早的服装模板技术材料多为钢材，而且工艺部件比较有局限性，后来日本人将服装模板材料改良，并将工序进行拓展，2000年以后，中国沿海的企业才开始引进服装模板技术。在相当长的一段时间里，服装模板技术的发展一直处于滞缓阶段，而当面对原材料成本不断上涨、劳动力成本不断提高、缝纫工人管理困难等制约服装企业发展的问题时，用改良生产线来提高生产效率已经刻不容缓，服装模板技术的应用给服装产业注入了新的生机与活力，推动了服装产业的又一次改革。

第二次世界大战后，德国和日本为了发展经济，对各行各业都进行了深入研究，服装工业化生产方面所需求的设备也一直是被研究的对象。从平车缝纫机到全自动缝纫机，其实就是一个由慢到快的生产过程，这个过程对工人的技能要求也逐步提高。由于服装材料的柔性特点，模板作为一种夹具，在自动化、机械化生产研究过程中诞生了。

20世纪60年代，德国开始在衬衫领和西装袋盖上试用模具来实现生产，当时采用钢材做模板，这种模板很笨拙，工艺也比较简单，而且固定也是借助磁铁等辅助工具，在这种设备情况下，还是提高了服装工业化批量生产的效率。20世纪80年代初期，日本人把材料换成有机玻璃，并对服装模板技术进行改良扩展，现在的花样机就是结合模板技术改良后的技术产物。

继服装工艺模板之后，陆续开发出箱包、鞋帽、家纺等领域的工艺模板。

二、工艺模板技术的发展

工艺模板应用范围广泛，最早应用于服装领域。服装模板工艺的发展，也带动了其他产业的发展，下面主要介绍服装模板工艺的发展历程。

中国改革开放以后，服装模板技术进入中国服装企业，由于成本和模板技术问题，服装模板技术的推广及应用受到限制。到20世纪末，随着数字化信息技术的不断深入，一些新兴技术、新兴材料、自动化科技设备开始出现在各行各业中。进入2000年以后，服装行业的人力资源成本和原材料成本不断上涨，加大了服装企业对自动化、数字化、智能化生产技术的改造需求。服装CAD、CAM技术解决了服装制作生产前的智能自动化，同时引发了服装模板技术从业者对服装车缝自动化生产的技术研究。

服装模板技术在企业中的推广及应用，最具代表性的企业是广州联亚制衣有限公司，其在2003年组建了模板研发小组团队，远赴德国、日本学习模板技术、精细化生产管理系统等，通过十余年不断地研发服装模板技术，并将服装模板自动化缝制设备与新型生产管理系统相结合，使现在的模板缝制生产应用率达到90%左右。

2005年初，服装行业出现技术工人严重短缺、品牌品质要求不断提高、服装制造成本逐年递增、利润空间不断收缩的情况，部分服装企业甚至出现亏损状态。服装模板技术的应用，以能使产品品质一致化、标准化、提升产量、降低成本、降低工人操作技术等特点，得到服装企业前所未有的关注和好评。服装模板技术也随着企业关注度的提高而被从业者加快设计与制作研发。靠手工完成的设计与制作都由服装企业和软件、自动化设备厂商共同研发。实现了服装模板设计全部由计算机完成，且可对模板开槽进行自动化切割。使服装模板设计与制作时间缩短，应用在车缝上表现为更流畅，效益更高。服装模板技术也日渐成熟，模板技术开始替换使用成本、维护成本很高的专机，如自动开袋机、自动开筒机等设备。

2008年，全球金融风暴来袭。服装行业遭受重创，订单突然减少，劳工成本每年增幅加大。服装企业传统的生产方式和管理经营模式很难再产生利润，服装行业开始寻找新的生产方式和有效的管理方法。服装模板技术组织机构和咨询管理公司应运而生。他们在服装模板设计与工艺制作领域有了开创性的突破。从局部的模板使用到大面积的模板应用；从简单的领子、袋盖车缝到复杂的装领、装袖、免烫贴袋等高难度工艺制作；从普通平车改装模板车缝到半自动缝纫机车缝、全自动缝纫机缝制应用；从模板技术的开发到模板技术管理应用的深入研究和培训，为服装行业生产数据化、自动化、智能化奠定了基础，给服装行业注入了新的生机与活力。

随着服装模板技术日趋成熟，箱包、鞋帽、家纺、汽车等领域也出现了工艺模板并广泛应用于市场。

三、工艺模板技术的发展趋势

1. 机器人式的全自动模块缝纫机

随着数控微计算机技术和智能机器人技术的不断发展，可以将工艺模板的运行规律和模式预先编排成控制程序，然后以人工智能技术制订的原则纲领进行自动化生产，达到采用微电脑全自动机械人来完成全自动的缝制工作。

2. 网络集成式一体化柔性自动生产线

工艺模板技术将发展成为集合CIMS（计算机集成制造系统），可以改变企业设计方式、制造方式、营销方式，同时，可以集成三维人体扫描、三维立体裁剪、三维试衣、VSD（三维可视缝合设计技术）、CAD（计算机辅助设计）、PDM（产品数据管理系统）、CAPP（计算机辅助工艺设计）、CAM（计算机辅助制造）、ERP（企业资源系统）、企业管理和网络营销为一体，实现快速反应功能。以数字信息化为手段，整合并优化产业链，全面提升企业的综合竞争实力。

第二节 工艺模板的应用价值

工艺模板技术的应用很大程度上降低了对一线操作技术工人的技术要求，解决了企业用工难题。全自动模板缝制系统承袭模板缝制技术，充分发挥自身的技术特色，解决技术难题，充分发挥自动化的优势，最大限度地减少人员的参与。

服装、家纺、汽车等行业是劳动密集型产业，传统的加工方式在人工成本上升、人员技能降低的环境下发展阻力重重，企业的负责人都在寻找能够替代人工的自动化生产系统，尽量减少对工人和熟练技术工人的依赖。工艺模板技术适用于各种加工厂，为工厂提升竞争力。

全自动模板缝制系统的优势在于减轻人工劳动强度、降低对技术熟练工种的依赖、提高生产效率、保证产品的标准化。全自动模板缝制系统由模板CAD单元、模板切割雕刻单元和模板缝制单元组成，模板技术是贯穿整个自动化方案的技术线。

一、应用工艺模板技术的优势

1. 优化工艺路径

在服装、家纺、家具等生产之前，组织工艺技术人员参照行业同类产品，对产品生产制作工艺进行深入细致的分析研究，结合生产工业特点，制订出过程流畅、柔性生产的工艺模板和工艺生产方案。按照"相同相似、配套生产"的原则，科学地安排生产，尽量形成相对专业化的生产，减少工艺标准跨度，降低成本，提高劳动效率。

2. 优化生产时间

通过工艺模板技术对原有的工艺进行优化，来减少加工过程中对操作人员操作技能的依赖，降低技术素质对产品质量的影响，重点在于提升劳动效率。简化操作类模板是将多个操作工序合并，通过使用模板减少工序和不必要的操作动作，旨在降低培训成本。标准操作类模板是对不同的操作人员统一工艺操作方法，使产品或部件（模块）缝制保持一致性，稳步提升产品质量。复合集成类模板是将以上三类模板功能进行有机组合、整合，按照"合拍响应"的原则和目标管理，控制并掌握"来活、投活、再制、交活、返修"等过程和节点，准确确定拼接时间。将生产划分为若干个单元模块，各单元模块相对专业、独立，单元模块之间通过模块接口（模块与模块相连接的工序）实现相互连接，通过单元模块的高效集成形成全新方便的、快捷的柔性组织系统。

3. 融合设计生产

运用工艺模板技术实现了传统加工生产由大流水、直线式传统模式向"线（流水线）+块（工艺模块化）+点（自动模板化）"混合生产模式的转型和变革，实现设计与生产信息资源的共享，加快了研发向生产的转化，压缩了市场承揽与生产加工的准备时间，实现了服装模板化生产与设计研发的有机融合。

4. 创新管理体系

推行工艺模板技术应用是对企业整体组织模式、资源配置模式的转变。创新管理体系以工序标准化和信息化为基础，工序标准化是服装实现自动化生产的必经之路，信息化为快速反应提供信息数据的支持。完成设计和各级各类模块要建立编码系统，将其按功能、品种、结构、尺寸等特点分类编码，可方便管理。

5. 简化生产工序

工艺模板在使用和生产过程中，可以将复杂工序简单化、标准化，提升效率，降低品质不良率，提高品质及生产时间的稳定性，减少对高技能人员的依赖程度。有利于减少生产过程中没有价值的工作，减少不必要的重复工作和时间浪费，得到公正、公平、合理、稳定的工价。

二、工艺模板技术应用的价值

工艺模板是当今服装、家纺、家具等生产最先进的工艺之一，它使复杂工序简单化、标准化，提升效率，降低了品质不良率，保证了品质及生产时间的稳定性，减少了对高技能人员的依赖程度，受到服装企业的广泛欢迎。

1. 对服装、家纺、家具等企业的应用价值

解决招工难、招熟练工更难的问题；提高产品品质，同时节约生产时间；提供准备完备的生产计划，合理安排生产进度。减少生产环节配套人员，节约生产成本，改善作业方法，稳定品质，对款式的变化能迅速地做出准确的前期评估，拥有更高品质客户群，提高利润。建立统一的生产工艺技术标准，提高生产效率，缩短生产周期，生产进度同步，运行顺畅，货期准时，建立统一验收标准，提高品牌竞争力。

2. 对员工的应用价值

生产流水线流畅，生产效率更高，成品品质更好，完全可取代一些价格高的专用设备（如开袋机、缉袖机、打褶机等），对工人的技能素质要求低，减少生产过程中没有价值的工作，提高生产效率，改变员工收入，平衡车间员工薪酬，提高员工工作积极性，得到公正、公平、合理、稳定的单价。平衡安排生产工序，组合及分析工序灵活运用，能够做到省时、方便、快捷、放心。

服装模板技术的应用可以优化产品设计、产品开发，减少工人的劳动强度，改善工作环境，加快企业调整产业结构，降低管理费用和提高利润空间，还方便生产管理，有利于资源共享。同时，也可以实现与国际接轨，从而提升企业形象，提高企业竞争优势。

第三节　工艺模板的分类和使用材料

一、工艺模板的分类

在当今社会中，企业生产作业方式不断优化，效率不断提高，与此同时，结合工艺模板技术兴起的模板类缝纫设备也成了实现企业高效生产的科技利器。同步合理安排生产工艺流程，可实现真正的自动化、高效化、标准化、流水化的现代化生产方式，有效提高产品品质，提高生产效率，降低工人技术瓶颈，降低生产成本。

工艺模板渗透到各行各业中，从应用角度方向分类主要有：服装类工艺模板、鞋帽类工艺模板、箱包类工艺模板、家纺类工艺模板、汽车类工艺模板、特型工艺模板。工艺模板从材料上可分为：金属模板及非金属模板。下面主要从应用角度分类进行介绍。

1. 服装类工艺模板

服装类工艺模板是现今服装生产最先进的工艺之一，将复杂工序简单化、标准化，提升效率，降低品质不良率，提高品质及生产时间的稳定性，减少对高技能人员的依赖程度，主要适用于缝制羽绒服、工服、棉服、防弹衣等。

2. 鞋帽类工艺模板

鞋帽类工艺模板主要用于缝制鞋面、帽檐等。

3. 箱包类工艺模板

箱包类产品的材质更加多样化，真皮、PU、涤纶、帆布、棉麻等。箱包类工艺模板主要用在缝制背包靠背、背包背带等。

4. 家纺类工艺模板

家纺类产品主要包含床上用品和家居布艺。工艺模板在家纺类产品中使用比较广泛，主要用于缝制羽绒被、棉被、打枣垫等。

5. 汽车类工艺模板

汽车类工艺模板主要用于汽车冲孔、汽车内饰扶手、汽车皮质座椅、汽车遮阳板、汽车安全气囊等。

6. 特型工艺模板

特型工艺模板主要用于缝制特殊材料、特殊类型的产品，如宠物项圈、火箭隔热层、空调隔热层等。

二、工艺模板的使用材料

1. 工艺模板主构件的常用材料

工艺模板主构件的常用材料有非金属类和金属类。非金属类包括PVC板材、纤维板材和环氧板材，金属类包括金属铝框。

（1）PVC板材常见厚度有0.5mm、1mm、1.5mm、2mm。PVC板材具有良好的化学稳定性、耐腐蚀性、防紫外线性（耐老化）、耐火阻燃性（具有自熄性），绝缘性能可靠、表面光洁平整，不吸水、不变形、便于加工等特点（图1-1）。

图1-1　PVC板

（2）纤维板材常见厚度有1.5mm、2mm。纤维板材具有材质均匀、纵横强度差小、不易开裂、平整度好、表面光滑、无凹坑、厚度公差标准等优点（图1-2）。

图1-2　纤维板材

（3）环氧板材常见厚度有0.5mm、1mm、1.2mm、1.5mm。环氧板材具有强度高、有一定的耐化学腐蚀性、耐摩擦、重量轻、加工性良好等特点（图1-3）。

图1-3　环氧板材

（4）金属铝框具有稳定性、牢固性强等特点（图1-4）。

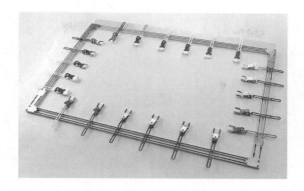

图1-4　金属铝框

2. 工艺模板固定构件常用材料

工艺模板固定构件常用材料有布基胶带、金属合页（折页）、模板夹、磁铁、魔术贴、胶水等。

（1）布基胶带：用于黏合两块或几块模板（图1-5）。

图1-5　布基胶带

（2）金属合页：用于连接两块或几块模板（图1-6）。

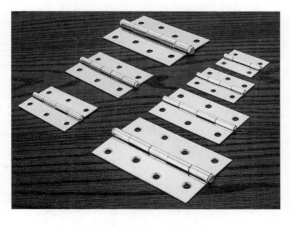

图1-6　金属合页（折页）

（3）模板夹：用于固定裁片（图1-7）。

(a) 模板夹头   (b) 模板夹

图1-7　模板夹头与模板夹

（4）磁铁：粘在上下两块模板间，使两块模板夹得更紧密（图1-8）。

（5）魔术贴：用于粘贴在模板最底层的背面，防止划伤全自动缝纫机台板（图1-9）。

图1-8　磁铁   图1-9　魔术贴

（6）502胶水和AB胶：用于需要强力黏合固定的地方或固定图钉（图1-10）。

(a) 502胶水

(b) AB胶

图1-10　502胶水与AB胶

3. 裁片固定构件的常用材料

裁片固定构件的常用材料有海绵条、砂纸条、双面胶、图钉、马尾衬、定位销等。

（1）海绵条：粘贴在小裁片应固定位置的外沿，限制小裁片的移动（图1-11）。

图1-11　海绵条

（2）砂纸条：粘贴在模板槽位的两侧，位于裁片与模板的接触面上，以此增大裁片与模板间的摩擦力，起到固定裁片的作用（图1-12）。

图1-12　砂纸条

（3）双面胶：用于固定模板、裁片（图1–13）。

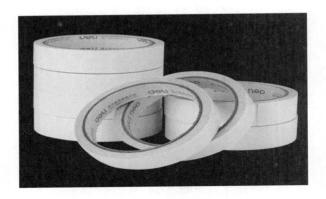

图1–13　双面胶

（4）图钉：用图钉的前端挂住裁片，防止裁片移位（图1–14）。

图1–14　图钉

（5）马尾衬：用锁住缝纫线的方式固定裁片（图1–15）。

图1–15　马尾衬

（6）定位销：固定裁片，防止裁片移动（图1-16）。

图1-16　定位销

4. 其他辅助材料

其他辅助材料包括模板专用勾刀、钢尺、尖嘴老虎钳、美工刀、剪刀、镊子、手电钻、螺丝刀等。

（1）模板专用勾刀：用于修整模板（图1-17）。

（2）钢尺：用于测量尺寸（图1-18）。

图1-17　模板专用勾刀

图1-18　钢尺

（3）尖嘴老虎钳：用于夹螺母（图1-19）。

（4）美工刀：用于裁胶带等（图1-20）。

图1-19　尖嘴老虎钳

图1-20　美工刀

（5）剪刀：用于裁剪材料胶条、双面胶等（图1-21）。

（6）镊子：用于夹住小螺丝螺母（图1-22）。

图1-21　剪刀　　　　　　　　　　　　　　图1-22　镊子

（7）手电钻：用于模板打孔（图1-23）。

（8）螺丝刀：用于拧螺丝螺母等（图1-24）。

图1-23　手电钻　　　　　　　　　　　　　图1-24　螺丝刀

第四节　工艺模板的设计制作注意事项

工艺模板是缝制设备的辅助附属工具，主要运用服装模板CAD软件与模板切割机进行设计和制作，在实际工业应用中主要用于固定面料，在缝纫设备上实现缝制工艺的完成。因此，工艺模板设计是一项综合而系统的工程，对于综合知识和综合能力的要求相当全面，在实际制作中需考虑到各方面的因素，才可设计出真正实用的工艺模板。设计工艺模板时应注意以下问题：

（1）工艺模板的设计一定要从实际出发，深入操作现场，详细观察需设计模板的部位在实际生产中的操作方法、操作流程、操作标准，把工序和动作进行分解，结合计算机程序和机械原理设计出基本的研发方案。

（2）在工艺模板设计前，一定要全面了解工艺标准，质量是检验一个模板设计是否成功的根本标准。

（3）在工艺模板设计前，一定要明确缝制的设备要求，是自动缝纫机还是长臂机或是普通电脑平车，因为不同的设备对模板的要求是不相同的，自动缝纫机对槽位的要求和普通计算机平车对槽的开宽大小是不同的。

（4）在工艺模板设计前，一定要了解面料的性能和厚度，在实际缝制过程中，面料的厚度和弹性对模板影响是很大的。

（5）在工艺模板设计前，一定要了解模板切割机的要求，不同模板切割机对模板设计的要求也是不同的。激光切割机一般是线的切割，而铣刀切割机是槽的切割，一般有3mm、4mm、6mm等，也就是槽大小决定开出的大小。

（6）在工艺模板设计过程中，要考虑缝制设备的操作面积、操作特点及设计模板槽的位置，在实际操作中具有可行、方便性，这是检验模板设计方案的一个非常重要标准。

（7）在工艺模板设计过程中，在要挂钉的部位做好标注，以防伤到操作人员的手。

（8）工艺模板设计要有成本意识，在保证缝制标准、操作可行的前提下最大限度地减少模板面积，来降低用料成本。

（9）在工艺模板设计过程中，面料和模板接触部位开槽的大小设计，需要把面料的厚度考虑进去。

（10）在工艺模板设计过程中，特别是多层缝制中，中间一层的模板一般要挖槽，要防止出现缝制时样片取不出来的情况。

（11）在工艺模板设计过程中，要注意针孔大小和压脚大小，设计的模板一定要和针孔相吻合，要照顾压脚的直径大小和工作面积。

（12）制作好的工艺模板进行统一的编号，方便日后查找使用。

（13）制作好的模板使用后要平整存放，防止重压或立放变形。

在设计和制作模板过程中要注意对基本细节的处理，在实际设计和制作过程中，不同的模板需要注意的具体细节不同，这些细节决定模板设计的成败。要想设计出具有可行性的成功模板，一定要系统思考，加强细节设计，以质量标准为核心，做到操作简洁方便、设计部位精确、标识详细清晰、成本低。

第二章　服装类工艺模板开发案例

现如今，人们对服装的要求越来越高，潮流性趋势明显，科技促进了中国服装生产链的不断进步与发展，中国的服装生产企业越来越自动化。服装模板与传统工艺样板相比，不仅质量更加稳定，同时实现了数字化制作与工序优化设计。服装的种类很多，由于服装的基本形态、品种、用途、制作方法、原材料的不同，各类服装也表现出不同的风格与特色，变化万千，十分丰富。本章将介绍几种服装类工艺模板的开发制作，分别是羽绒服模板、工装模板、棉服模板和防弹衣模板。

第一节　羽绒服模板

一、羽绒服款式图与样板图

1. 羽绒服款式图

羽绒服款式图如图2-1所示。此款式图采用金属万能模板进行最后的裁片绗线缝纫。

金属万能模板具有活动调节的性能。例如，当前缝制为服装后背裁片，当遇到大小尺码时，金属活动模板可根据裁片的大小进行手动调节，相当于一个金属万能模板顶多个PVC材质的模板。金属万能模板的运用比较广泛，在服装、家具、家纺、汽车等领域产品中的许多需要缝纫的部位，均可用金属万能模板。

图2-1　羽绒服款式

2. 羽绒服后片样板图

羽绒服后片样板图如图2-2所示。

二、羽绒服后片模板工艺设计

1. 设置开槽属性

在界面空白处单击鼠标右键，弹出快捷工具栏，选中开槽工具，用缝制模板工具单击左键，框选后片需要缝制的绗缝线，单击鼠标右键结束，弹出【缝制模板】对话框，如图2-3所示。

2. 创建羽绒服后片模板

用缝制模板工具在界面空白处单击左键进行框选，弹出【创建规则模板】对话框。在对话框中W、H、R区域输出规定的模板外框尺寸，在对话框中A、B、C、D区域输入规定的模板内框尺寸，如图2-4所示。

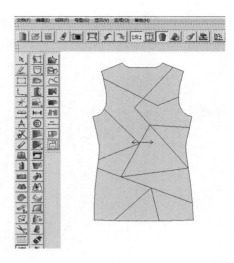

图2-2 羽绒服后片

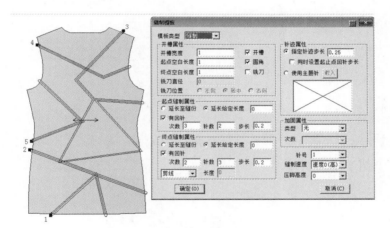

图2-3 缝制模板

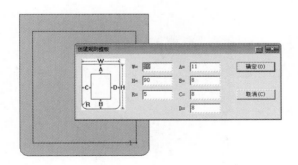

图2-4 模板框制作

3. 模板框与后片合并

将模板框与后片合并，如图2-5所示。

（1）在界面空白处单击鼠标右键，弹出快捷工具栏，单击鼠标左键选中抓手工具 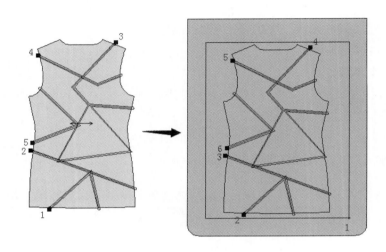，
在后片（图2-3）上单击鼠标左键进行选中，拖进已创建好的规则模板（图2-4）内，将两图
进行中心重叠。

（2）在界面空白处单击鼠标右键，弹出快捷工具栏，单击左键选中缝制模板工具 ，
单击鼠标右键，模板框与后片合并完成。

注意，不能在后片内部进行单击右键，一定是在方框与后片边缘单击右键。

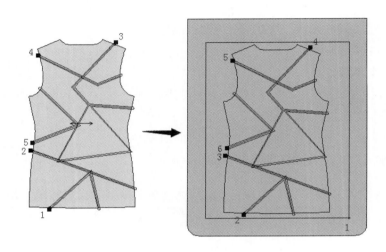

图2-5　模板框与后片合并

4. 修改缝制顺序

左键单击选中缝制模板工具 ，点击键盘中的数字1，从顺序1开始依次点击需要缝制的
每根线，如图2-6所示。

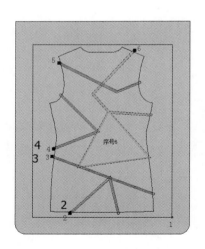

图2-6　修改缝制顺序

5. 制作模板定位点与线迹定位点

（1）模板定位点。在软件界面左边工具栏中，单击鼠标左键选择cr圆弧工具 ，按

"Shift"将半圆切换成整圆，在模板方框左下角或右下角位置单击，弹出【半径】对话框，输入半径0.15cm，点击"确定"，如图2-7所示。

注意，根据不同的机型，一般定位圆放置的位置在距离模板方框边缘8cm左右。

（2）线迹定位点。在软件界面左边工具栏内选中智能笔工具 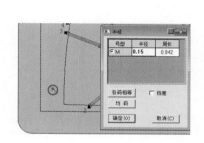，在已经作好的圆弧（图2-7）内，作出十字效果，因需要找到〇的中心点，所以画"十"字是办法之一，如图2-8所示。

图2-7 输入半径

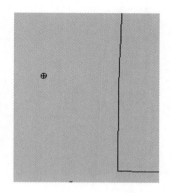

图2-8 十字效果

（3）选中模板缝制工具 ，按"Shift"切换两次，切换成定位点功能 ，在做好的十字中心点内单击，如图2-9所示。

（4）在软件界面左边工具栏内单击左键选中设置线的颜色类型工具 ，在从软件界面上面横向工具栏内单击鼠标左键，选择箭头所示的刀号 ，然后左键单击在圆圈线上。如图2-10所示，圆圈线上会增加一个刀的标记。

6. 缝制线输出

（1）在软件界面空白处单击鼠标右键，弹出快捷工具栏，选中抓手工具 ，单击左键选中需要输出的缝制模板（图2-6）。

（2）鼠标左键单击界面左上角文档，点击输出自动缝制文件，如图2-11所示输入文件名称，点击指定保存路径，点击"确定"保存，如图2-12所示。

注意，保存的格式为.DSR格式，录入到全自动模板缝纫机中进行缝制。DSR格式文件为

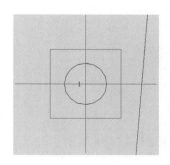

图2-9 模板线迹定位点

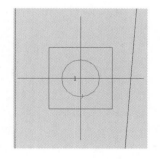

图2-10 线切割设置

机器可以读取文件，不可以进行更改和设置，须在退出时保存.dgs格式文件用来修改缝线。

图2-11　输出自动缝制文件

图2-12　输出文件名称并确定

7. 输出绘图切割

左键单击绘图工具 ，弹出【绘图设置】对话框，点击"设置"，勾选输出到文件，点击图标 ，输入保存的切割名称。选择文件保存路径，点击"确定""保存"，如图2-13~图2-15所示。

图2-13　绘图设置

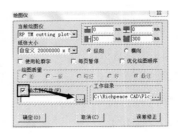

图2-14　勾选输出到文件

图2-15　输出文件名称并保存

　　此文件输出的plt文件用于喷墨打印，打印出的图纸用作金属万能模板的底图。根据底图绗线轮廓位置，调整夹子位置，调整完毕后取出底图，再放置裁片进行缝制。金属万能框示意图，如图2-16所示。

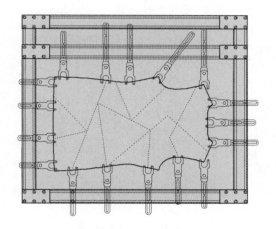

图2-16　金属万能框

第二节　工装模板

一、工装款式图与样板图

1. 工装款式图

工装款式图如图2-17所示。

2. 工装样板图

工装样板图如图2-18所示。

图2-17　工装款式图

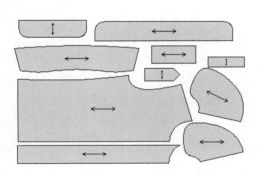

图2-18　工装样板图

二、工装模板工艺设计

1. 设置开槽属性

首先把门襟、衣领、袖口、下摆襟需要缝制暗线的位置用开槽工具 选中，弹出【缝制模板】对话框，设置开槽属性（图2-19）。

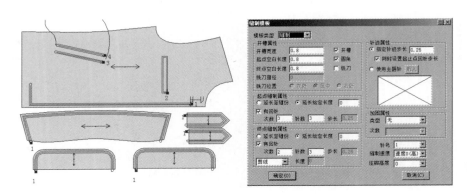

图2-19　设置开槽属性

2. 创建工装模板

工装模板共需要三层，先创建最底层模板，使用抓手工具 将开好槽的样片拖进创建的模板中，用开槽工具 在模板边缘右键单击样片与模板合并。在右下角用模板开槽工具双击"Shift"键，创建模板定位点 ，如图2-20所示。

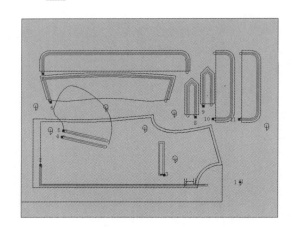

图2-20　底层模板

创建中层模板，为了方便翻板做成两块模板，上边模板用上下层模板，将门板领子下摆襟及袖口样片夹在中间缝制暗线，下边模板是用来放置前门拉链、拉链口袋、斜插袋盖和袋布，下边模板还要做上层模板，用来压住中层样片，三层模板要加磁铁固定，模板夹住样片的位置根据需要加砂纸，增加牢固度，确保衣片在缝制中不跑位，如图2-21、图2-22所示。

3. 输出绘图切割

单击绘图工具 ，弹出【绘图】对话框，点击"设置"，勾选"输出到文件"，点击图

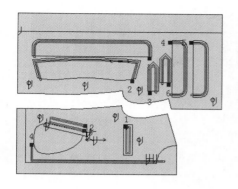

图2-21　中层模板

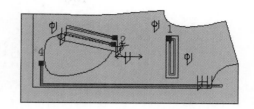

图2-22　上层模板

标⬚⬚⬚，输入保存的切割名称。点击"保存"，如图2-23～图2-25所示。

　　注意，点击图2-25的保存后，再分别点击如图2-23、图2-24所示对话框的"确定"，才能完成输出，输出后的格式为.plt格式。

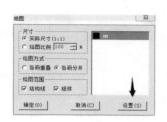

图2-23　绘图设置

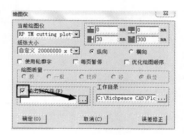

图2-24　勾选输出到文件

图2-25　输出文件名称并保存

4．输出缝制文件

（1）起点缝制属性：有数字的方向为起点。

起点（有回针）：次数—针数—步长 ▭▭▭（起针回针示意图）。

终点（有回针）：次数—针数—步长 ▭▭▭（终点回针示意图）。

（2）针步属性：制订针迹步长0.25～0.3cm（如有特殊情况可根据要求而定）。

如果选择"同时设定起止点回针步长"，则起针收针、回针步长将同步，如图2-26所示。

（3）修改缝制顺序：选择缝制模板工具▭，选中开槽工具，点击键盘数字键"1"，首先点击定位点，然后用开槽工具按模板设计缝制所需顺序依次点击开槽的起针一端即可，如图2-27、图2-28所示。

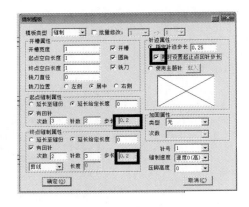

图2-26 针步属性设置

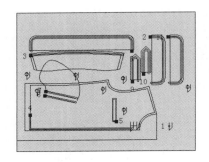

图2-27 调整前

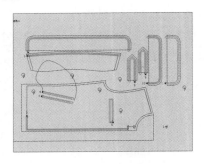

图2-28 调整后

（4）缝制线输出：选中抓手工具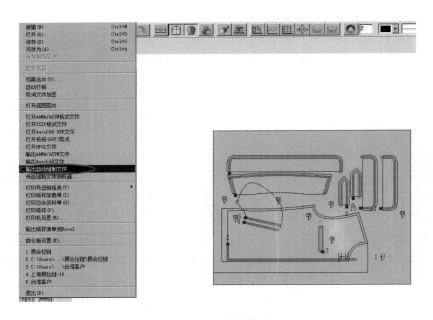，左键单击需要输出的模板，点击文档，点击输出自动缝制文件，输入文件名称，点击指定保存路径。保存的格式为.DSR格式，可选全自动单头或多头模板缝纫机，如图2-29所示。

图2-29 缝制线输出

　　注意，此工装模板主要可完成领子、袖口、下摆襻、前门板的暗线缝制，省去原来传统工艺，用净板画印工序，同时可做拉链袋口的开窗及斜插袋盖垫底的双线缝制袋盖，免去传统工艺熨烫及袋盖、衣片、画印等工序，如图2-30所示。

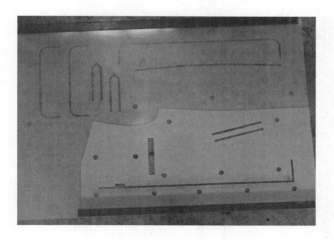

图2-30　模板实物图

第三节　棉服模板

一、棉服前片模板制作

　　本章节对棉服工艺模板的选材及套号模板的制作与缝制工艺进行介绍，棉服模板选材可选PETG、绿色环氧板、金属多功能模板。棉服款式图如图2-31所示。

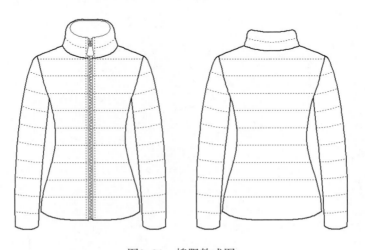

图2-31　棉服款式图

1. 棉服分解
棉服分解如图2-32所示。

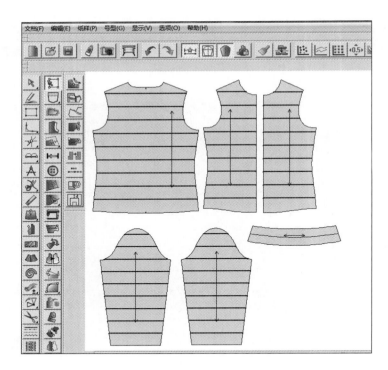

图2-32　棉服分解

2. 模板工艺设计（本章节以PETG材料模板为主）

以棉服前片模板制作为例，阐述模板工艺设计。

（1）前片开槽生成模板与线迹：

①在软件界面空白处单击鼠标右键，弹出快捷工具栏，选中缝制模板工具，如图2-33所示。

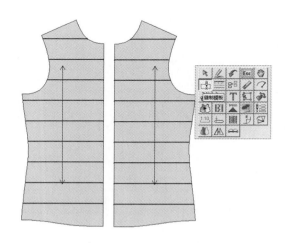

图2-33　选中缝制模板工具

②用缝制模板工具单击左键框选前片需要缝制的绗线，单击鼠标右键，弹出【缝制模板】对话框，如图2-34所示。

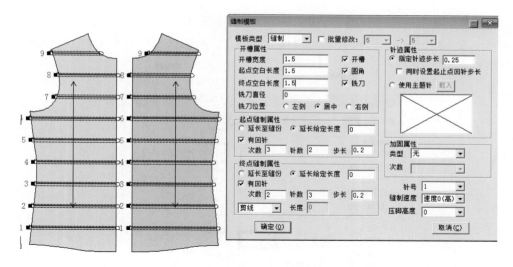

图2-34 缝制模板

（2）开槽属性介绍：

①开槽宽度—起点空白长度—重点空白长度，三个选项（棉服PETG模板常规开槽宽度为1.5cm）。

②起点缝制属性：有数字的方向为起点。

起点（有回针）：次数—针数—步长 ⌒⌒ （起针回针示意图）。

终点（有回针）：次数—针数—步长 ⌒⌒ （终点回针示意图）。

【缝制模板】对话框信息介绍，如图2-35所示。

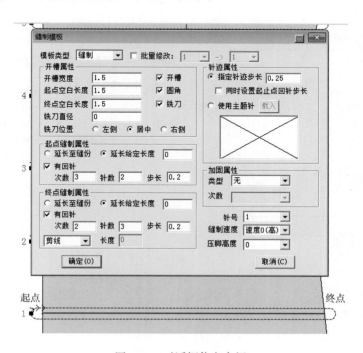

图2-35 对话框信息介绍

（3）针步属性：指定针迹步长0.25～0.3cm为棉服常用针步（如有特殊情况可根据要求而定）。如果选择"同时设置起止点回针步长"，则起针与收针的回针步长会同步，如图2-36所示。

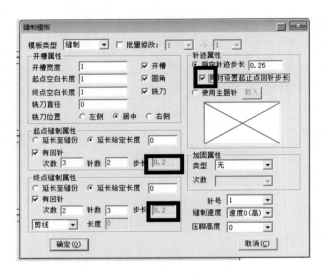

图2-36　针步属性设置

3. 作模板框

在软件界面空白处单击鼠标右键，弹出快捷工具栏，选中缝制模板工具。用缝制模板工具单击左键，在界面空白处进行框选，弹出【创建规则模板】对话框，如图2-37所示。

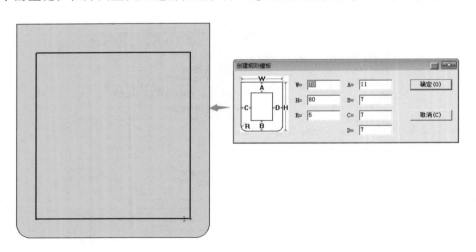

图2-37　模板框制作

注意，宽（W）与长（H）为模板宽度设置，宽度长度可根据所选机型与裁片而定，R为模板圆角。A、B、C、D为模板指定限位。

（1）将创建好的框架（图2-37）与前片合并：

①在软件界面空白处单击鼠标右键，弹出快捷工具栏，选择抓手工具，单击左键选中

前片左右，拖进创建的规则模板（图2-37）内。

②在软件界面空白处单击鼠标右键，弹出快捷工具栏，选择缝制模板工具 🔲，用缝制模板工具在已拖进创建的规则模板内单击右键，完成前片左右与创建的规则模板的合并工作。

注意，使用缝制模板单击右键的区域以★标记为参考区域，如图2-38所示。

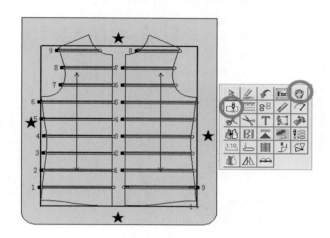

图2-38　完成合并

③合并后效果，如图2-39所示。

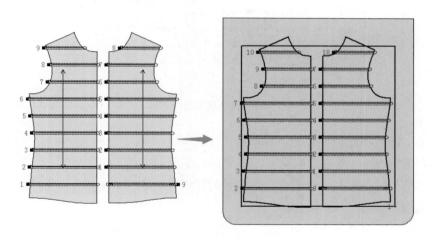

图2-39　前片合并效果图

（2）修改缝制顺序：可用两种方式修改缝制顺序，主要修改开槽后错乱的缝制顺序。

①选择缝制模板工具 🔲，点击键盘中的数字"1"，从顺序1开始，依次点击需要缝制的每条线，顺序数字会随着点击数而变，如图2-40所示。

②选择自动排列缝制顺序工具 🔲，左键单击起始位置，弹出【自动排列缝制顺序】对话框，选择"全部缝制线"，点击"确定"，即可自动改变缝制顺序，如图2-41所示。

4. 制作模板定位点与线迹定位点

（1）模板定位点：在软件界面空白处单击鼠标右键，弹出快捷工具栏，选中cr圆弧工具

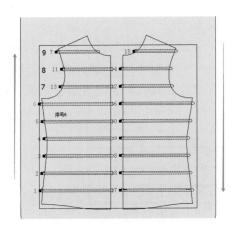

图2-40　选择线迹数量

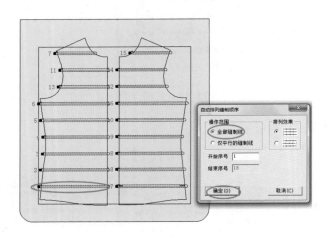

图2-41　改变缝制线迹顺序

🖊️，按"Shift"将半圆切换成整圆，在模板方框左下角或右下角位置单击，弹出【半径】对话框，输入半径0.15cm，点击"确定"，如图2-42所示。

注意，根据不同的机型，一般定位圆放置的位置在距离模板边缘8cm左右比较保险。

（2）线迹定位点：

①在软件界面空白处单击鼠标右键，弹出快捷工具栏，选择智能笔工具🖊️，左键单击作好的圆弧，作出十字效果，如图2-43所示。

②选中模板缝制工具📐，按"Shift"切换两次，切换成定位点功能⊞在作好的十字中心点内单击，如图2-44所示。

③在软件右侧工具栏界面内选中设置线的颜色类型工具▤。

④在软件上侧工具栏内选中刀切功能[图标]。

⑤左键单击圆弧线，完成线切割设置，如图2-45所示。

切割类型[图标]，1表示笔画，2表示刀切，3表示半刀切。

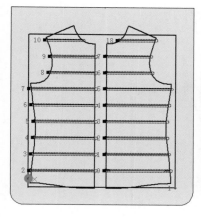

图2-42 模板定位点设置

图2-43 十字效果

图2-44 模板线迹定位点

图2-45 线切割设置

5. 缝制线输出

（1）选中抓手工具，左键单击需要输出的模板，在界面左上角点击文档，点击输出自动缝制文件，如图2-46所示。

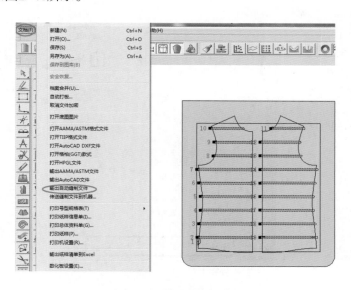

图2-46 输出缝制文件

（2）输入文件名称，点击指定保存路径，点击确定如图2-47所示。

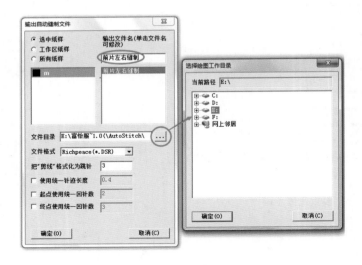

图2-47　指定保存路径

　　注意，保存的格式为.DSR格式，录入到全自动模板缝纫机中进行缝制。保存路径可任意保存指定位置。

6. 输出绘图切割

　　在软件界面上方横向工具栏内找到并点击绘图工具 ![绘图工具]，弹出【绘图】对话框，点击设置，勾选输出到文件，点击 ![...]，输入保存的切割名称。点击"保存""确定"，如图2-48～图2-50所示。

图2-48　绘图设置　　　　　　　　　　　　图2-49　勾选输出到文件

图2-50　输出文件名称并保存

注意，点击图2-50的"保存"后，再分别点击图2-49、图2-48对话框中的"确定"，才能完成输出，输出后的格式为.plt格式。

输出绘图切割后，输出的.plt格式文件可用于激光机，或铣切机进行切割。切割时.plt文件可切割两块，在组装时将两层进行拼合，中间放置需要缝制的裁片即可，下一步将组装好的模板放到全自动模板缝纫机用图2-47中保存的.DSR线迹文件进行缝制。

模板切割示意图如图2-51所示。

图2-51　模板切割示意图

二、棉服后片（套号）制作

棉服后片分解图如图2-52所示。

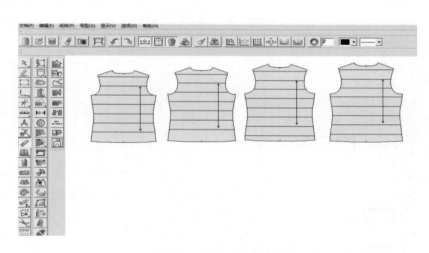

图2-52　棉服后片分解图

1. 棉服后片模板工艺设计

此处以PETG材料模板为主。

（1）各尺码重叠与生成线迹制作。

①选择抓手工具，用该工具左键单击每个尺码的相同点，将大小码重叠到一起。画圈位置，如图2-54所示。

②选中缝制模板工具，左键框选图2-53中的所有尺码的缝制的线，单击右键结束，弹出【缝制模板】对话框，如图2-54所示。开槽后如图2-55所示。【缝制模板】对话框信息介绍如图2-56所示。

2. 开槽属性

开槽宽度—起点空白长度—终点空白长度，三个选项。羽绒服PETG模板常规开槽宽度为1.5cm。

图2-53　重叠大小码

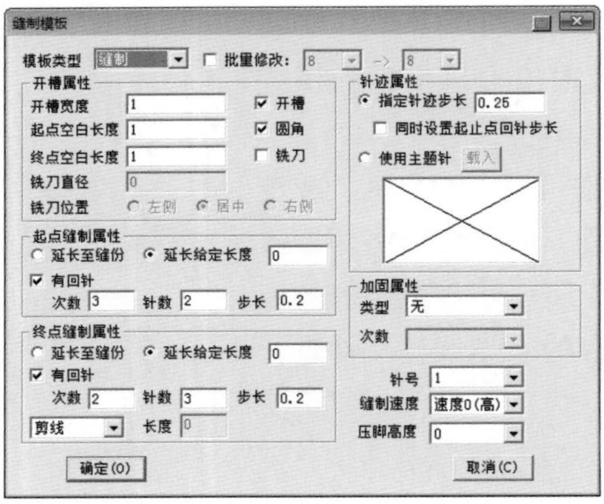

图2-54　缝制模板

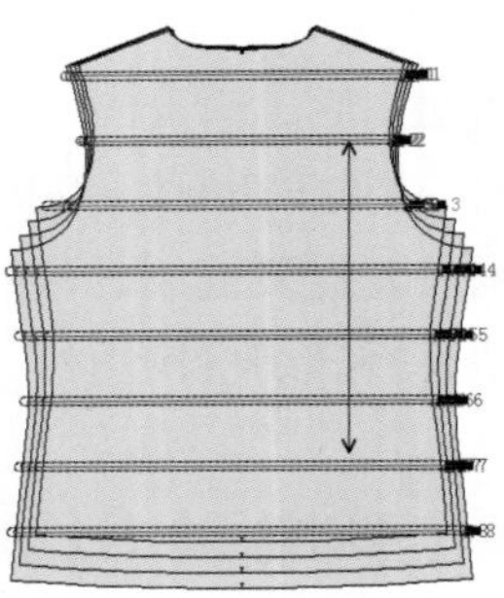

图2-55　缝制模板开槽

（1）起点缝制属性：有数字的方向为起点。

起点（有回针）：次数—针数—步长（起针回针示意图）。

终点（有回针）：次数—针数—步长（终点回针示意图）。

（2）针步属性：指定针迹步长0.25～0.3cm为棉服常用针步（如有特殊情况可根据要求而定）。如果选择“同时设置起止点回针步长”则起针与收针的回针步长会同步，如图2-56所示。

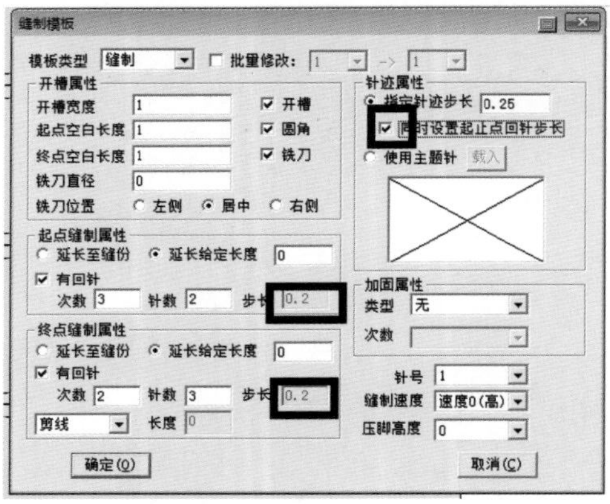

图2-56　针步属性设置

3. **创建棉服后片模板**

（1）用缝制模板工具单击左键，在界面空白处框选，弹出【创建规则模板】对话框，如图2-57所示。

注意，W宽与H长为制订模板宽度设置，宽度、长度可根据所选机型与裁片而定。R为模板圆角。A、B、C、D为模板指定限位。

（2）将已创建的模板框（图2-57）与开槽后的后片（图2-55）进行合并，步骤如下：

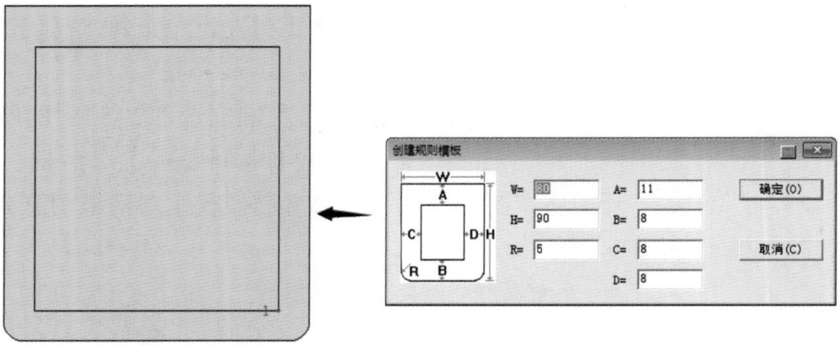

图2-57　制作模板框

①用抓手工具，单击左键选中模板框（图2-57），拖进并覆盖到图2-55所示后片上。效果如图2-58所示。

②在软件界面空白处单击鼠标右键，弹出快捷工具栏，选择缝制模板工具，用缝制模板工具在已拖进创建的规则模板内单击右键，完成后片与创建的规则模板的合并工作，如图2-59所示。

注意，使用缝制模板单击右键的区域以★标记为参考区域。

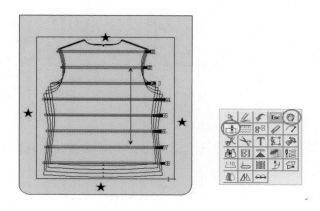

图2-58　完成合并图

③合并后效果，如图2-59所示。注意，合并效果在后片的模板切割中使用，可用激光机、铣切机进行加工。

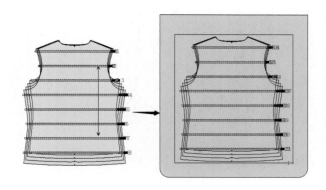

图2-59　合并效果图

（3）制作模板定位点与线迹定位点：

①模板定位点：在软件工具栏内选中cr圆弧工具，按"Shift"键，将半圆切换成整圆，在模板方框左下角或右下角位置单击，弹出【半径】对话框，输入半径0.15cm，点击"确定"，如图2-60所示。

注意，根据不同的机型，一般定位圆放置的位置在距离模板边缘8cm左右比较保险。

②线迹定位点：选择智能笔工具，左键单击作好的圆弧中心，作出十字效果，如图2-61所示。

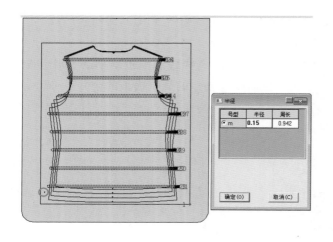

图2-60　模板定位点设置

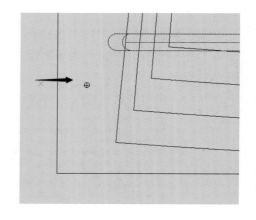

图2-61　作线迹定位点

选中模板缝制工具，按"Shift"键切换两次，切换成定位点功能。在作好的十字中心点内单击，如图2-62所示。

选中设置线的颜色类型工具，单击左键选中刀切工具，然后左键单击圆弧线，完成线切割设置，如图2-63所示。

注意，切割类型中，1表示笔画、2表示刀切、3表示半刀切。

图2-62　模板线迹定位点

图2-63　线切割设置

（4）设置合并切割：点击选项→系统设置→绘图→合并切割模板→确定，如图2-64所示。

注意，由于套码后很多重复的线重叠到一起，真正加工时，会导致重复切割，此设置可避免这类问题发生。

4. 输出绘图切割

单击绘图工具，弹出【绘图】对话框，点击"设置"，勾选输出到文件，点击图标，输入保存的切割名称。点击"确定""保存"，如图2-65～图2-67所示。

注意，以上步骤为套号模板的制作与输出，下面介绍模板线迹的制作与输出。

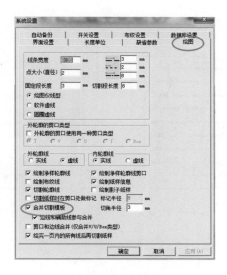

图2-64　合并切割

图2-65　绘图设置

图2-66　勾选输出到文件

图2-67　输出文件名称并保存

（1）套码线迹编辑：

①将做好的模板文件用抓手工具🖐单击左键选中，点击"Ctrl+C"复制，"Ctrl+V"粘贴，如图2-68所示。

②将粘贴出的模板用智能笔工具✐左键单击，画出直线，区分出所有尺码，如图2-69所示。

③用橡皮擦工具✐左键点选或框选，删除模板中的尺码（留下图2-69中的直线与定位点圆弧线），再用抓手工具🖐单击左键选中，点击"Ctrl+C"复制，"Ctrl+V"粘贴，如图2-70所示。

复制"Ctrl+C"　　　　　　　粘贴"Ctrl+V"

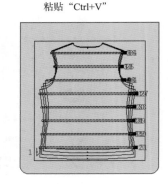

图2-68　复制模板文件

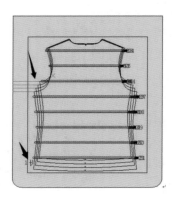

图2-69　区分尺码

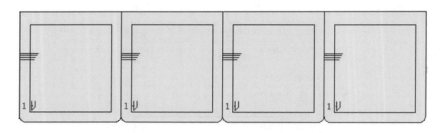

图2-70　复制、粘贴

④用抓手工具 🖐 将图2-59中所有分码的号型依次按大小码顺序移动放置在图2-70中，效果如图2-71所示。再用缝制模板工具 🖼 分别在每个模板框内右键单击，完成模板框与裁片的合并。

注意，不能在后片中心内右键单击，要在方框内边缘用右键单击。

（2）修改缝制顺序：可用两种方式修改缝制顺序，主要修改开槽后错乱的缝制顺序。

①选择缝制模板工具 🖼 ，点击键盘中的数字"1"，从顺序1开始依次点击需要缝制的每根线，顺序数字会随着点击数而变，如图2-72所示。

②选择自动排列缝制顺序工具 🖼 ，左键单击起始位置"1"，弹出对话框，选择全部缝制线，点击"确定"后即可自动改变缝制顺序，如图2-73所示。

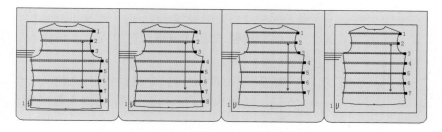

图2-71　按大小码顺序放置

图2-72　选择缝制数量

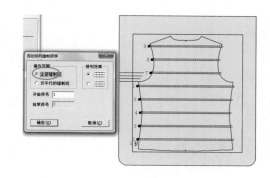

图2-73　改变缝制顺序

5. 输出缝制文件

选中抓手工具 ，左键单击需要输出的模板，点击文档，点击"输出自动缝制文件"，输入文件名称，点击指定保存路径，点击"确定"保存，如图2-74、图2-75所示。所有尺码

图2-74　点击输出文件

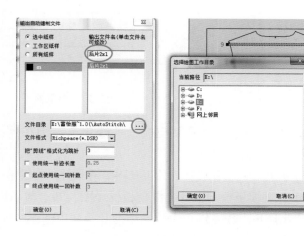

图2-75　选择保存位置

图2-76　模板切割示意图

依次按此方式输出即可。

保存的格式为.DSR格式，放入全自动模板缝纫机中进行缝制。

注意，保存路径可任意选择指定位置。

输出绘图切割后，将输出的.plt格式可用激光机或铣切机进行切割。模板加工完成后进行组装，组装后的模板在全自动模板缝纫机中用图2-76中保存的.DSR线迹文件进行缝制。

注意，以上文件制作的形式是.plt切割模板文件，S～2XL多个号型的.DSR线迹文件。一个模板中包含了所有尺码的轮廓位置，将裁片放置在指定尺码位置时，只需在全自动模板缝纫机中导入该尺码的.DSR文件即可进行缝制，模板切割示意图如图2-76所示。

三、棉服衣袖制作

1. 棉服衣袖模板工艺设计

（1）此处以PETG材料模板为主，衣袖开槽生成模板与线迹（图2-77）。选中缝制模板工具![icon]单击左键，框选衣袖需要缝制的纫线，单击右键结束，弹出【缝制模板】对话框（图2-78），点击"确定"即可。

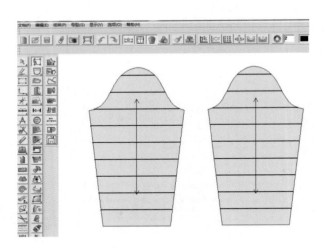

图2-77　棉服袖子

（2）作模板框：用缝制模板工具![icon]单击左键在界面空白处框选，弹出【创建规则模板】对话框，如图2-79所示。

（3）袖片旋转：用旋转衣片工具![icon]，在袖片内右键单击，即可完成旋转，如图2-80所示。

（4）合并模板框与袖片：将模板框（图2-79）与袖片合并，如图2-81所示。

①用抓手工具![icon]左键单击，选中袖片，拖进创建的规则模板内。

②用缝制模板工具![icon]右键单击，完成左右袖片与模板方框的合并，再用抓手工具移出

即可。

注意，不能在前片内右键单击，可在方框内边缘右键单击。

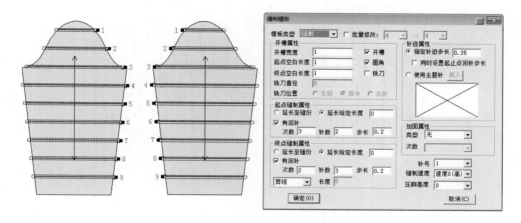

图2-78 选择开槽缝制线

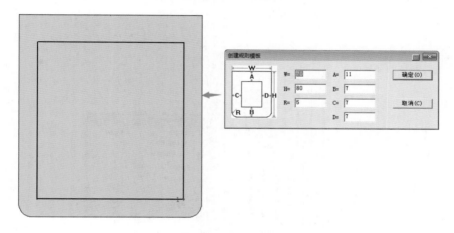

图2-79 作模板框

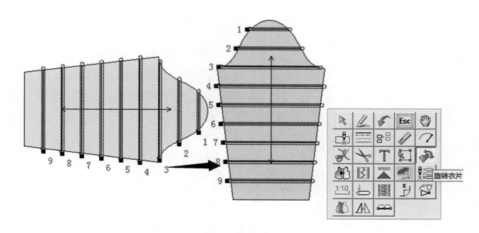

图2-80 袖片旋转

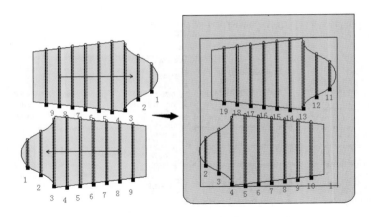

图2-81 模板框与袖片合并

（5）修改缝制顺序：选择自动排列缝制顺序工具，左键单击起始位置1。弹出【自动排列缝制顺序】对话框，选择"全部缝制线"，点击"确定"，即可自动改变缝制顺序，如图2-82所示。

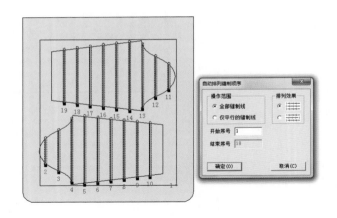

图2-82 修改缝制顺序

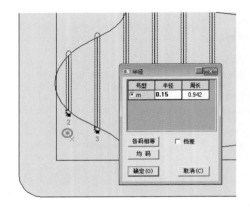

图2-83 定位点制作

（6）制作模板定位点与线迹定位点：

①模板定位点。选中cr圆弧工具，按"Shift"键，将半圆切换成整圆，单击在模板方框左下角或右下角位置，弹出"半径"对话框，输入半径0.15cm，点击"确定"，如图2-83所示。

注意，根据不同的机型，一般定位点放置的位置在距离模板边缘8cm左右比较合适。

②线迹定位点。选中智能笔工具，左键单击作好的圆弧，作出十字效果。选中模板缝制工具，按"Shift"键切换两次，切换成定位点功能，在作好

的十字中心点内单击，如图2-84所示。选中设置线的颜色类型工具▤，再单击左键选中刀切

，左键单击圆弧线，完成线切割设置，如图2-85所示。

图2-84 模板线迹定位点

图2-85 切割设置

2. 输出缝制文件

选中抓手工具✋，左键单击需要输出的模板，点击文档，点击输出自动缝制文件（图2-86）。输入文件名称，点击指定保存路径，点击"确定"保存，如图2-87所示。

图2-86 输出自动缝制文件

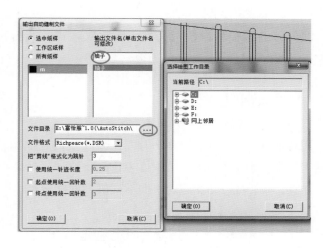

图2-87 选择保存位置

3. 输出绘图切割

单击绘图工具▤，弹出【绘图】对话框，点击"设置"，勾选输出到文件，点击▣，输入保存的切割名称。点击"保存""确定"，如图2-88~图2-90所示。模板切割示意图如图2-91所示。

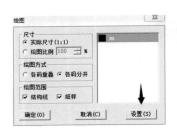

图2-88　绘图设置

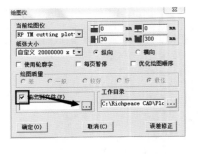

图2-89　勾选"输出到文件"

图2-90　输出文件名称并保存

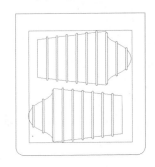

图2-91　模板切割示意图

第四节　防弹衣模板

一、防弹衣款式图

此处以纤维板材料模板为主。防弹衣款式图如图2-92所示。

二、防弹衣模板工艺设计

1. 创建防弹衣模板

用缝制模板工具 <!-- icon --> 左键单击，在界面空白处框选，弹出【创建规则模板】对话框，如图2-93所示。

注意，W、H的尺寸需要根据不同机型的框架尺寸而定。

图2-92　防弹衣款式图

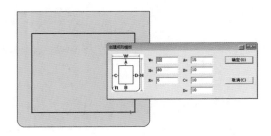

图2-93　模板框制作

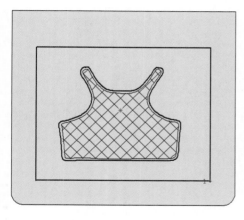

图2-94　合并

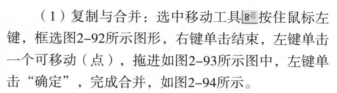

（1）复制与合并：选中移动工具按住鼠标左键，框选图2-92所示图形，右键单击结束，左键单击一个可移动（点），拖进如图2-93所示图中，左键单击"确定"，完成合并，如图2-94所示。

（2）缝制模板工具生成线迹：

①选中缝制模板工具，左键框选需要缝制的绗线，右键单击结束，弹出【缝制模板】对话框，输入要求的针步步长，如图2-95所示。

②选择缝制模板工具，点击键盘中的数字"1"，从顺序1开始依次点击所缝制的线条。

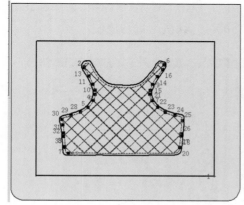

图2-95　选择缝线设置针步

（3）制作模板定位点与线迹定位点：

①模板定位点：选中cr圆弧工具，按"Shift"键，将半圆切换成整圆，单击在模板方框左下角或右下角位置，弹出【半径】对话框，输入半径0.15cm，点击"确定"，如图2-96所示

注意，根据不同的机型，一般定位圆放置的位置在距离模板边缘8cm左右比较保险。

②线迹定位点：选中智能笔工具，左键单击作好的圆弧中心线，作出十字效果，选中模板缝制工具，按"Shift"键切换两次，切换成定位点功能，在作好的十字中心点内单击，如图2-97所示。选中设置线的颜色类型工具，再左键单击选中刀切，左键单击圆弧线，完成线切割设置，如图2-98所示。

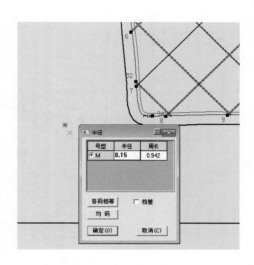

图2-96　模板定位点与线迹定位点设置

图2-97 模板线迹定位点   图2-98 线切割设置

2. 输出缝制文件

选中抓手工具🖐，左键单击需要输出的模板图，点击文档，点击"输出自动缝制文件"，如图2-99所示。输入文件名称，点击指定保存路径，点击"确定"保存，如图2-100所示。

注意，保存的格式为.DSR格式，录入全自动模板缝纫机中进行缝制。

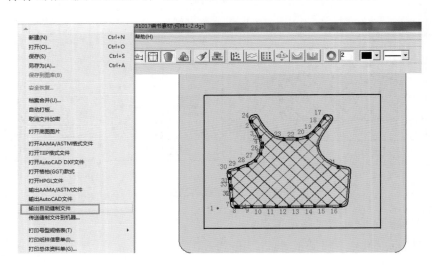

图2-99 输出自动缝制文件

图2-100 选择保存路径

3. 设置合并切割

点击选项→系统设置→绘图→合并切割模板→确定，如图2-101所示。

注意，由于方格线交叉重叠到一起，真正加工时，会导致重复切割，此设置可避免这类问题发生。

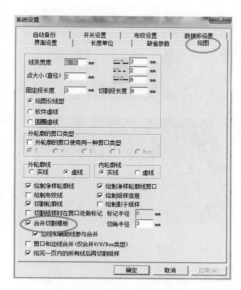

图2-101　合并切割模板

4. 输出绘图切割

单击绘图工具，弹出【绘图】对话框，点击"设置"，勾选"输出到文件"，点击，输入保存的切割名称。点击"保存""确定"，如图2-102～图2-104所示。

图2-102　绘图设置

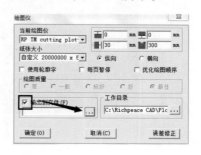

图2-103　勾选输出到文件

图2-104　输入文件名并保存

　　输出绘图切割后，输出的.plt格式文件导入铣切机进行切割。切割后将模板安装上夹子与铝型框。将组装好的模板放到极厚料专用机器中，用保存的.DSR线迹文件进行缝制，如图2-105所示，成品如图2-106所示。

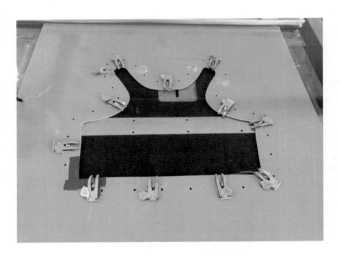

图2-105　模板

图2-106　成品

第三章　鞋帽类工艺模板开发案例

中国庞大的人口数量组成了庞大的消费市场。同时，随着中国城乡居民收入继续保持较快增长，人们对于外貌装饰越来越看重。专门的制鞋软件，匹配做鞋的模板，可以缝制出鞋面的精美线迹；帽檐的线迹也可以通过模板，放到缝纫机上缝制。

第一节　鞋类工艺模板

一、鞋类款式图与样板图

1. 款式图

本款皮鞋是一款纯牛皮皮鞋，针对此款皮鞋模板工艺应用很多，模板的构成以纤维板、环氧板及金属板或金属夹具及全自动机械手夹具为主。半成品如图3-1所示。

2. 样板图

鞋样片结构图、线迹图如图3-2所示。

鞋面的鞋舌与侧帮处夹角过小，展开图如图3-3所示。要用旋转工具 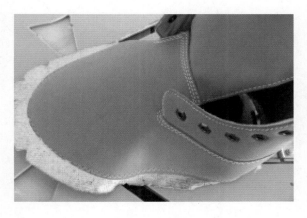，去除多余的量，去除量的大小根据样品需要进行调整。

图3-1　半成品

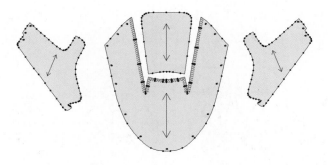

图3-2　鞋样片样板图

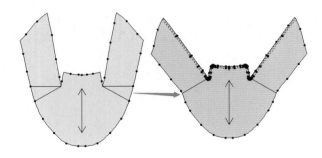

图3-3　展开图

二、鞋类模板工艺设计

1. 设置开槽属性

在样片需要开槽的位置，用开槽工具 选中弹出的【缝制模板】对话框，设置开槽属性如图3-4所示。

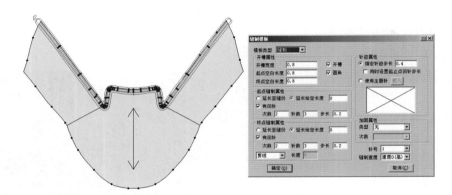

图3-4　设置开槽属性

2. 创建鞋类模板

本款皮鞋模板工艺采用上下三层，下层模板按样品线迹开槽，中层模板按样片的外轮廓及样品结构位切割，上层模板分两块，一块固定鞋舌，另一块固定鞋帮，鞋帮在展开夹角位置要开孔，以免鞋帮展开后多出的皮子凸出。翻板用合页固定，上层模板用旋钮固定。

用开槽工具创建模板，用抓手工具 将开好槽的样片拖进创建的模板中。用开槽工具 在模板边缘右键单击，样片与模板合并，如图3-5所示。模板工艺效果图如图3-6所示。

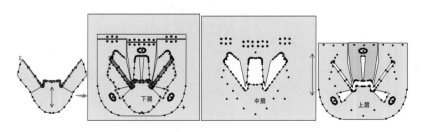

图3-5　创建模板

3．输出绘图切割

工具双击"Shift"键，创建模板定位点 ⊕。

注意，定位点用画圆工具 ⊙ 画出1.5mm半径圆圈，定位点要点在圆心，如图3-7所示。

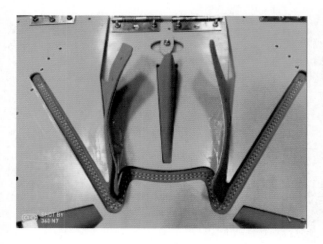

图3-6　模板效果图

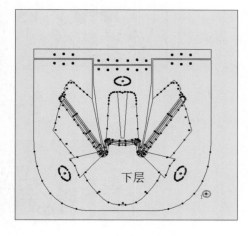

图3-7　画出定位点

纤维模板要铣刀车床切割，根据不同车床需要的格式保存，如图3-8所示。

注意，还可以保存通用格式根据不同机床进行转换。

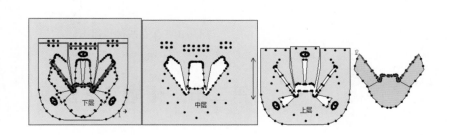

图3-8　输出绘图切割

4．输出缝制文件（背带环线左侧线迹）

（1）起点缝制属性：有数字的方向为起点。

起点（有回针）：次数—针数—步长 ⫶⫶⫶⫶（起针回针示意图）。

终点（有回针）：次数—针数—步长 ⬭（终点回针示意图）。

（2）针步属性：制订针迹步长0.4~0.6cm，如有特殊情况可根据要求而定，同时设定起止点回针步长。如果选择"同时设置起止点回针步长"，则起针、收针的回针步长将同步，如图3-9所示。

（3）保存缝制线输出，如图3-10所示。

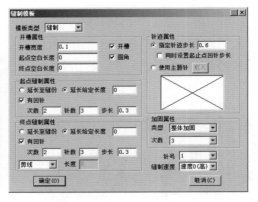

图3-9　针步属性设置

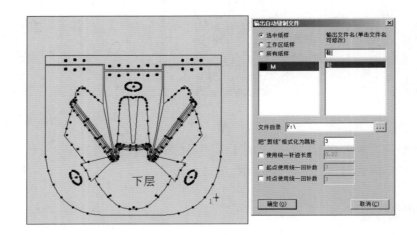

图3-10　保存线迹输出图

第二节　帽檐工艺模板

一、帽檐款式图与样板图

1. 帽檐款式图

帽檐款式图如图3-11所示。

2. 帽檐样板图

帽檐样板图如图3-12所示。

二、帽檐模板工艺设计

1. 设置开槽属性

帽檐样品开槽因线间距过小（间距0.8cm），开槽宽度要控制在0.2cm左右。把样片需要开槽的位置用开槽工具 选中，弹出【缝制模板】对话框，设置开槽属性，如图3-13所示。

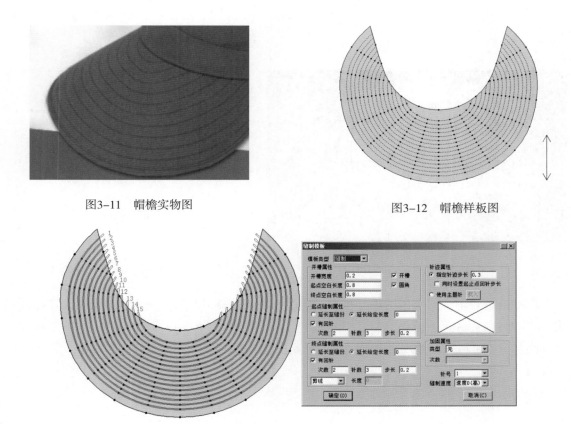

图3-11 帽檐实物图

图3-12 帽檐样板图

图3-13 开槽属性设置

2. 创建帽檐模板

本款帽檐模板设计为三层模板，材质可选用纤维模板、环氧板或不锈钢。下层模板放置样片，中层模板样片定位，上层模板压住样片进行缝制，可选用金属合页，实现上层模板翻开功能。

用开槽工具创建模板，用抓手工具 ✋ 将开好槽的样片拖进创建的模板中。用开槽工具 🖰 在模板边缘右键单击，样片与模板合并，如图3-14所示。帽檐模板工艺效果图如图3-15所示。

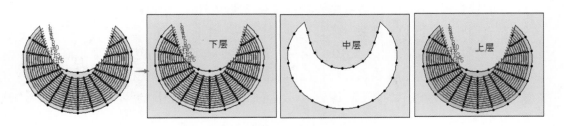

图3-14 样片与模板合并

3. 输出绘图切割线

双击"Shift"键，创建模板定位点 ⊕ 。

注意，定位点用画圆工具 画出1.5mm半径圆圈，定位点要点在圆心，如图3-16所示。

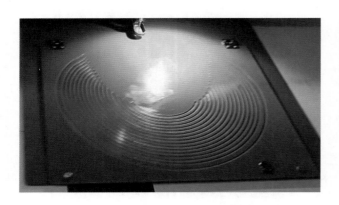

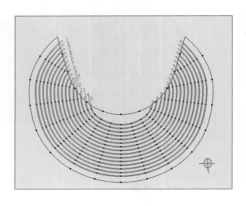

图3-15　模板工艺效果图　　　　　　　　　图3-16　创建模板定位点

纤维模板要用铣刀车床切割，根据不同的车床所需格式保存，通常设备保存.dxf或.plt格式，如图3-17所示。

注意，还可以保存通用格式根据不同机床进行转换。

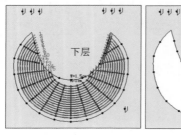
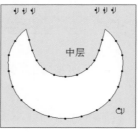
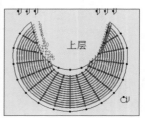

图3-17　输出绘图切割

4. 输出缝制文件

输出线迹文件要选择底层模板，如图3-18所示。

（1）起点缝制属性：有数字在方向为起点。

起点（有回针）：次数—针数—步长 （起针回针示意图）。

终点（有回针）：次数—针数—步长 （终点回针示意图）。

（2）针步属性：制订针迹步长0.2～0.4cm。注意，如有特殊情况可根据要求而定。

如果选择"同时设置起止点回针步长"，则起针、收针的回针步长将同步。

（3）保存缝制线输出，如图3-19所示。注意，本模板工艺因线间距小，开槽也相应减

小在0.2cm左右，智能模板缝纫机缝制时要用特殊压脚 。

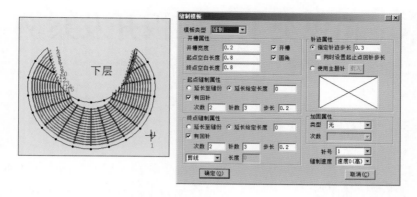

图3-18 输出缝制文件

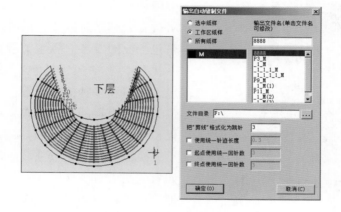

图3-19 保存缝制线输出

第四章 箱包类工艺模板开发案例

背包护颈

背包背带

背包腰托

背带织带

靠背织带

靠背

图4-1 背包实物图

由于现在人们的生活水平不断提高，旅游已经成为人们喜爱的一项活动。想要旅游，自然不可缺少箱包了。旅游业的繁荣发展促进了中国箱包产业的发展。随着经济的发展，商务出行也会越来越频繁，商务出行自然也会促进箱包产业的发展。箱包类包括一般的购物袋、手提包、手拿包、钱包、背包、单肩包、挎包、腰包和多种拉杆箱等。本章将介绍几种箱包类工艺模板的开发制作，分别是背包靠背模板和背包背带模板，箱包实物图如图4-1所示。

模板工艺在箱包领域应用是非常广泛的，如背包的拉链袋口、各种标牌、魔术贴、织带、各种行线等。因背包的材质比较厚、硬，所以根据不同的款式和工艺要求，模板材质宜选择绿色环氧板及金属材料及金属夹具，如图4-2所示。

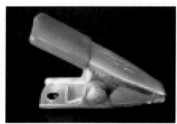

图4-2 金属夹具

第一节 背包海绵靠背工艺模板

一、背包海绵靠背款式图

背包海绵靠背款式图，如图4-3所示。

二、背包海绵靠背模板工艺设计

1. 设置开槽属性

靠背模板可选用一层模板的工艺设计，样片采用金属夹固定样片。在样片的边缘可以用铣切机的智能笔画线样片定位。首先把样片需要开槽的位置用开槽工具 选中，弹出【缝制模板】对话框，设置开槽属性，如图4-4所示。

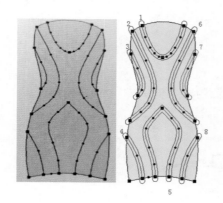

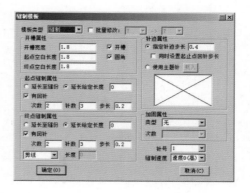

图4-3 背包海绵靠背款式图　　　　　图4-4 开槽属性设置

2. 创建海绵靠背模板

（1）用开槽工具创建模板，模板尺寸按样片将四周放大8～12cm为宜，特殊工艺除外。用抓手工具 将开好槽的样片拖进创建的模板中，如图4-5所示。

（2）用开槽工具 在模板边缘右键单击，样片与模板合并，如图4-6所示。

（3）双击"Shift"键，创建模板定位点 ，定位点用画圆工具画出1.5mm半径圆圈，定位点要点在圆心，如图4-7所示。

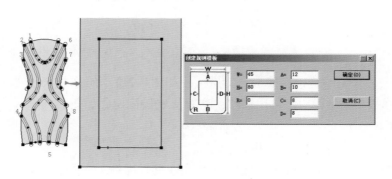

图4-5 创建模板

3. 输出绘图切割

单击绘图工具 ，弹出【绘图】对话框，点击"设置"，勾选"输出到文件"，点击 ，输入保存的切割名称。点击"保存""确定"，如图4-8～图4-10所示。注意，输出后的格式为.plt格式。

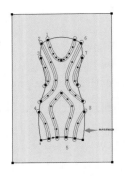

图4-6　合并样片及模板图

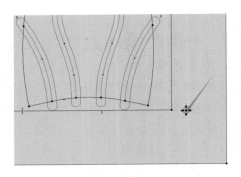

图4-7　创建定位点

图4-8　绘图设置

图4-9　勾选"输出到文件"

图4-10　输出文件并保存

4. 模板组装

靠背模板工艺采用的是单层模板，上层可用如图4-2所示的这两款金属夹具固定样片缝制。夹子放在模板开槽的两边，可用螺丝、胶带及AB胶固定，如图4-11所示。

5. 输出缝制文件

（1）起点缝制属性：有数字的方向为起点。

起点（有回针）：次数—针数—步长 ⟋▬▬（起针回针示意图）。

终点（有回针）：次数—针数—步长 ▬▬⟍（终点回针示意图）。

（2）针步属性：制订针迹步长0.25～0.5cm（如有特殊情况可根据要求而定）。

如果选择"同时设置起止点回针步长"，则起针、收针的回针步长将同步，如图4-12所示。

（3）修改缝制顺序。选择缝制模板工具，选中开槽工具，在键盘上点击数字"1"，首

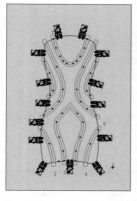

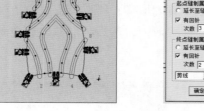

图4-11　模板组装图　　　　　图4-12　针步属性设置

先设置定位点，然后用开槽工具按模板设计缝制所需顺序点击开槽的起针一端，如图4-13所示。

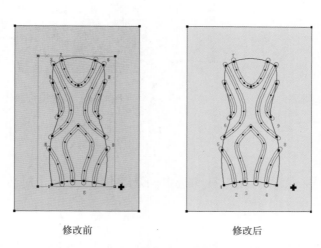

修改前　　　　　　　　　修改后

图4-13　修改缝制顺序

6. 输出缝制文件

选中抓手工具，左键单击需要输出的模板，点击文档，点击"输出自动缝制文件"，输入文件名称，点击指定保存路径。保存的格式为.DSR格式，可选全自动单头或多头模板缝纫机，如图4-14所示。

注意，此工艺操作简单方便，成本低。样片海绵特别厚的用这种模板工艺比较合适。如果用双层模板，上层模板会与全自动模板机压脚碰撞。

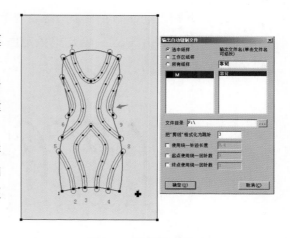

图4-14　缝制线迹输出

第二节　背包背带工艺模板

因背带上缝制的材料比较厚，环氧板很难把背带压实，所以模板材质最好用金属模板制作，可先用绿色环氧板缝肩襻的暗线。手工将海绵放入，然后将肩襻放到金属模板中进行缝制。背带效果图如图4-15所示。

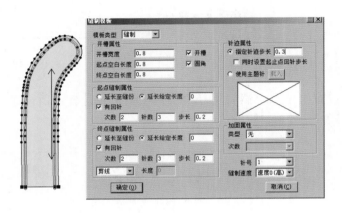

图4-15　背带效果图　　　　　　　图4-16　暗线模板制作

一、暗线模板

1. 设置开槽属性

把样片需要开槽的位置用开槽工具选中，弹出【缝制模板】对话框，设置开槽属性，如图4-16所示。

2. 创建背带模板

（1）用开槽工具创建模板，用抓手工具，将开好槽的样片拖进创建的模板中，如图4-17所示。

（2）用开槽工具，在模板边缘右键单击，样片与模板合并，如图4-18所示。

（3）双击"Shift"键，创建模板定位点，定位点用画圆工具画出1.5mm半径圆圈，定位点要点在圆心，如图4-19所示。

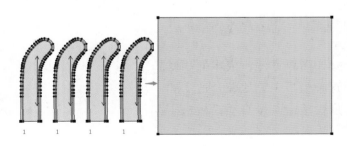

图4-17　创建模板

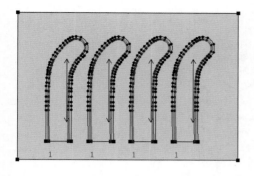

图4-18　样片与模板合并

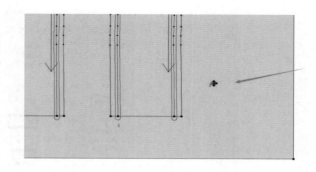

图4-19　创建模板定位点

3. 输出绘图切割

单击绘图工具，弹出【绘图】对话框，点击"设置"，勾选"输出到文件"，点击，输入保存的切割名称。点击"保存""确定"，如图4-20～图4-22所示，输出后的格式为.plt格式。

图4-20　绘图设置

图4-21　勾选"输出到文件"

图4-22　输出文件并保存

4. 输出缝制文件

（1）起点缝制属性：有数字的方向为起点。

起点（有回针）：次数—针数—步长　　　　（起针回针示意图）。

终点（有回针）：次数—针数—步长　　　　（终点回针示意图）。

（2）针步属性：制订针迹步长0.25～0.5cm（有特殊情况可根据要求而定）。如果选择"同时设置起止点回针步长"，则起针、收针的回针步长将同步（图4-23）。

（3）修改缝制顺序：选择缝制模板工具，选中开槽工具，在键盘上点击数字"1"

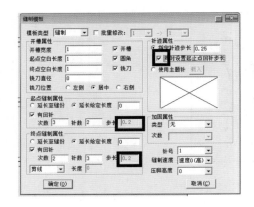

图4-23　针步属性设置

首先设置定位点，然后用开槽工具按模板设计缝制所需顺序点击开槽的起针一端即可，如图4-24所示。

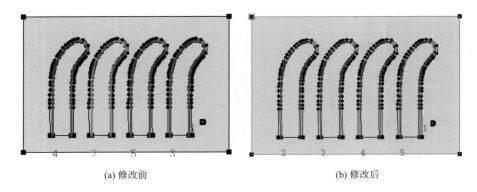

(a) 修改前　　　　　　　　　　　　　　(b) 修改后

图4-24　修改缝制顺序

（4）缝制线输出。选中抓手工具![hand],左键单击需要输出的模板，点击文档，点击输出自动缝制文件，输入文件名称，点击指定保存路径。保存的格式为.DSR格式，可选全自动单头或多头模板缝纫机，如图4-25所示。

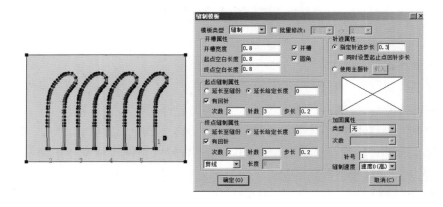

图4-25　缝制线输出

5. 背带金属模板效果与背带成品

背带金属模板效果如图4-26所示，背带成品效果图如图4-27所示。

图4-26　模板效果

图4-27　成品效果

二、金属模板

此模板工艺设计需要两层模板，要用0.2cm不锈钢板线床切割，先缝带子内环线，全自助模板机设暂停点，翻开左侧上层压背带模板后再把右侧上层模板盖上缝制织带及卡扣。背带缝制线迹图，如图4-28所示。

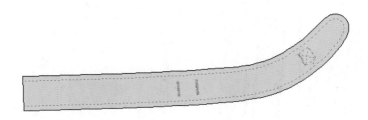

图4-28　背带样板图

1. 设置开槽属性

把样片需要开槽的位置用开槽工具 选中，选中之后弹出模板对话框，设置开槽属性，如图4-29所示。

2. 创建背带模板

用开槽工具创建模板，用抓手工具 ，将开好槽的样片拖进创建的模板中（图4-30）。

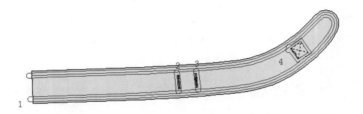

图4-29 设置开槽属性

用开槽工具 在模板边缘右键单击，样片与模板合并。

左侧是缝环线模板，右侧是缝织带和卡扣模板。因环线和织带卡扣缝线重合在一起固定样片困难，不能一次完成缝制，所以本模板工艺缝制要分两次完成，模板共上下两层，首先缝背带环线，再缝织带和卡扣。两次缝制模板的下层模板是通用的，上层模板左侧为缝制环线模板（图4-31），右侧为织带卡扣缝制模板（图4-32），织带卡扣缝制均要用织字线迹增加牢固度。

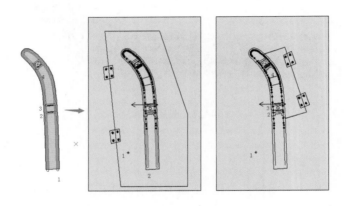

图4-30 创建模板

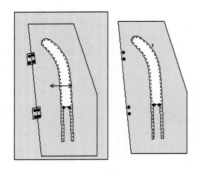

图4-31 环线模板图

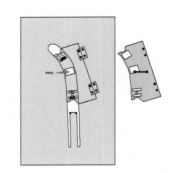

图4-32 织带卡扣模板

工具双击"Shift"，创建模板定位点 。

注意，定位点用画圆工具 画出1.5mm半径圆圈，定位点要点在圆心，如图4-33所示。

3. 输出绘图切割

金属模板切割因为需要用不同的切割车床加工，文件格式也不同，我们可以保存成dxf通用格式，也可根据不同的车床进行转换，如图4-34所示。

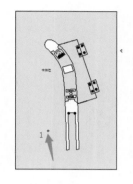

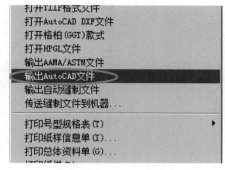

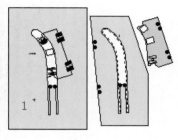

图4-33　创建模板定位点　　　　　　　　　　　　图4-34　输出绘图切割

4. 输出缝制文件（背带环线左侧线迹）

（1）起点缝制属性：有数字的方向为起点。

起点（有回针）：次数—针数—步长 ▭▭ （起针回针示意图）。

终点（有回针）：次数—针数—步长 ▭▭ （终点回针示意图）。

（2）针步属性：制订针迹步长0.25～0.5cm（如有特殊情况可根据要求而定）。

如果选择"同时设置起止点回针步长"，则起针、收针的回针步长将同步，如图4-35所示。

图4-35　针步属性设置

三、织带卡扣（织带卡扣右侧模板）

1. 设置开槽属性

织带卡扣采用之字缝制加强牢固度，点击开槽工具，弹出属性框，点击（使用主题针）载入（图4-36），弹出主题库主题针法，选择织字针法，点击"确定"。

注意，主题库针法主题卡要提前用智能笔编辑好，存入主题库。

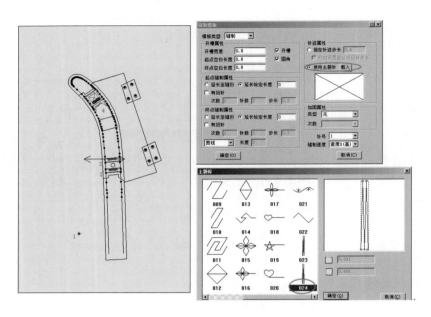

图4-36 使用主题针

2. 修改缝制顺序

选择缝制模板工具，选中开槽工具，在键盘上点击数字"1"首先设置定位点，然后用开槽工具，按模板设计缝制所需顺序点击开槽的起针一端即可，如图4-37、图4-38所示。

3. 输出缝制文件

因背带模板缝制是分两次进行，缝制完左边环线线迹后要在模板顶端设置暂停点，暂停点设置方法：选择开槽工具，单击"Shift"键，弹出 P 。暂停点缝制顺序一定在第一次环线缝制完成后。第二次缝制织带卡扣的中间，机器停止后翻开左边上层模板，盖上右边模板后继续缝制。暂停点要设置在不妨碍左右上层模板翻开的位置。然后，开槽工具选中抓手工具

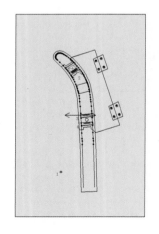

图4-37 修改前

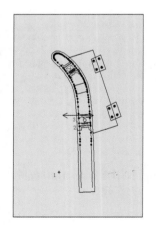

图4-38 修改后

，左键单击需要输出线迹的模板，点击文档，点击"输出自动缝制文件"，输入文件名称，点击指定保存路径。保存的格式为.DSR格式，线迹文件要环线左侧保存一次，织带卡扣一次，两个文件存入全自动智能缝纫机，会自动循环缝制。可选全自动单头升降智能模板缝纫机缝制，如图4-39、图4-40所示。

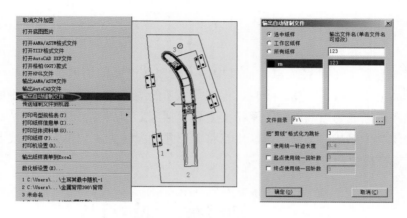

图4-39　环线线迹

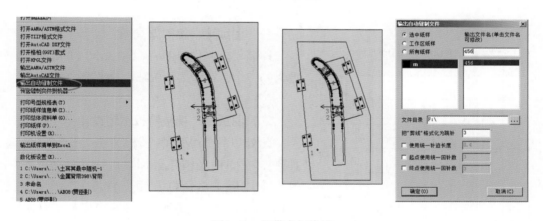

图4-40　织带卡扣线迹

第五章 家纺类工艺模板开发案例

中国拥有全球最大的消费人群，而且中国人对家纺产品的消费观念也正在逐步变化，如今的家纺产品已经具备了时尚、个性、保健等多功能的特点。家用纺织品中的家居装饰和空间装饰产品正逐渐成为市场新宠。家纺类主要包括床上用品类、窗帘类、浴室厨房纺织品类、家具类纺织类（靠垫、坐垫）等。本章将介绍几种家纺类工艺模板的开发制作，分别是羽绒被模板、棉被模板和打枣垫模板。

第一节 羽绒被、棉被模板

一、羽绒被、棉被款式图
样品要求制作210cm×150cm尺寸的被子，格子数为9×7个，针步要求0.2cm，如图5-1所示。

二、羽绒被、棉被模板工艺设计
此处以纤维板材料模板为主。选择智能笔工具 ✎，在空白处按住鼠标左键拖动，放开鼠标，弹出【矩形】对话框，输出宽度"210"，长度"150"，如图5-2所示。选择智能笔工具 ✎（平行线功能），根据要求，画出相应9×7格子，如图5-3所示。

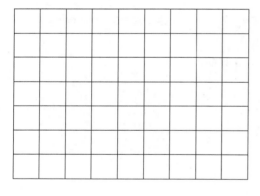

图5-1 羽绒被/棉被款式图

图5-2 输出矩形

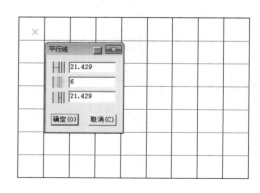

图5-3 画出格子

1. 创建羽绒被、棉被模板

（1）作模板框：选择缝制模板工具 ，按住鼠标左键在界面空白处框选，弹出【创建规则模板】对话框，如图5-4所示。注意，W、H的尺寸需要根据不同机型的框架尺寸而定。

（2）复制与合并：选择移动工具 ，按住左键框选，如图5-3所示。右键单击结束，左键单击一个可移动（点），拖进图5-4中，左键单击结束，完成合并，如图5-5所示。

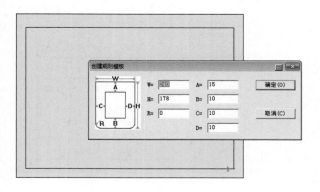

图5-4　模板框制作

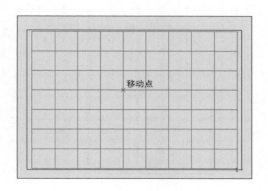

图5-5　合并

（3）缝制模板工具生成线迹：选中缝制模板工具 ，按住左键框选需要缝制的纡线，右键单击结束，弹出【缝制模板】对话框，输入要求的针步步长0.2cm，如图5-6所示。

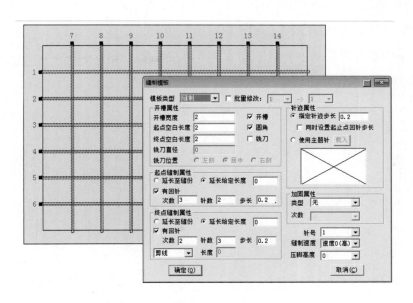

图5-6　缝制模板工具生成线迹

（4）修改缝制顺序：选择缝制模板工具，点击键盘上的数字"1"，从顺序1开始依次点击所缝制的数量，如图5-7所示。

注意，羽绒被、棉被的缝制方向（数字），数字在右为正线迹，数字在左为反线迹；数字在上为正线迹，数字在下为反线迹。如果花板为菱形，那么数字在每根线的上方。

（5）制作模板定位点与线迹定位点：

①模板定位点：选中cr圆弧工具 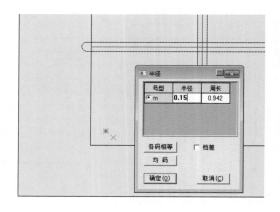，按"Shift"键，将半圆切换成整圆，单击在模板方框左下角或右下角位置，弹出【半径】对话框，输入半径0.15cm，点击"确定"，如图5-8所示。

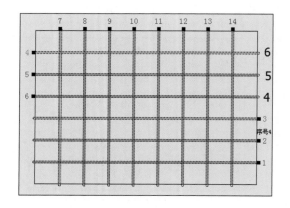

图5-7　修改缝制顺序

图5-8　画出模板定位点

注意，根据不同的机型，一般定位圆放置的位置在距离模板边缘8cm左右处，比较合适。

②作线迹定位点：选中智能笔工具，左键单击作好的圆弧，作出十字效果，选中模板缝制工具 ，按"Shift"键切换两次，切换成定位点功能 。在作好的十字中心点内单击，如图5-9所示。选中设置线的颜色类型工具 ，再用左键单击选中刀切 ，左键单击圆弧线，完成线切割设置，如图5-10所示。

图5-9　模板线迹定位点

图5-10　线切割设置

2. 缝制线输出

选中抓手工具 ，左键单击需要输出的模板，点击文档，点击"输出自动缝制文件"，如图5-11所示。输入文件名称，点击指定保存路径，点击"确定"保存，如图5-12所示。

注意，保存的格式为.DSR格式，主要录入到全自动模板缝纫机中进行缝制。

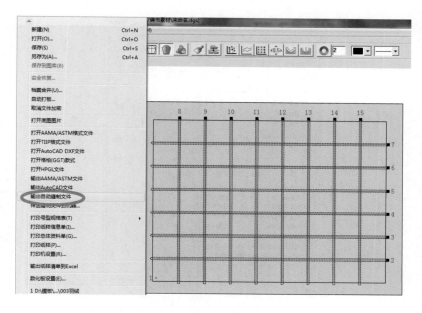

图5-11　输出自动缝制文件

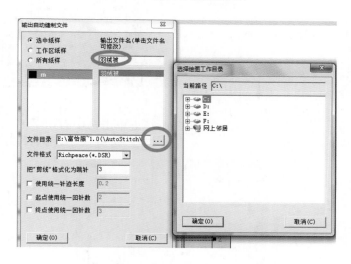

图5-12　输入文件名称选择保存路径

　　注意，保存路径可任意保存指定位置。由于方格线交叉重叠到一起，加工时，会导致重复切割，设置合并切割模板可避免这类问题发生。设置步骤为点击选项→系统设置→绘图→合并切割模板→确定，如图5-13所示。

　　3. 输出绘图切割

　　单击绘图工具，弹出【绘图设置】对话框，点击"设置"，勾选"输出到文件"，点击，输入保存的切割名称，点击"保存"后点击"确定"，如图5-14～图5-16所示。

　　输出绘图切割后，输出的.plt格式文件导入铣切机进行切割。切割后将模板安装上鳄鱼夹与铝型框。将组装好的模板放到精密缝机器中（图5-12），用保存的.DSR线迹文件进行缝制，如图5-17、图5-18所示。

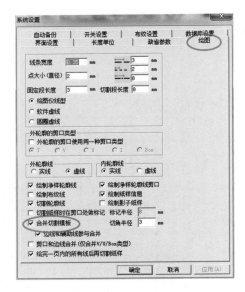

图5-13　设置合并切割

图5-14　绘图设置

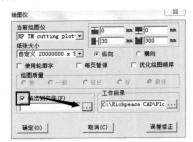

图5-15　勾选输出到文件

图5-16　输出文件名称并保存

图5-17　模板

图5-18　成品效果

第二节　打枣垫模板

一、打枣垫款式图

　　打枣垫样品要求制作尺寸为47cm×47cm的垫子，打枣缝制数为3排3个，针步要求0.2cm，缝制为圆形，圆直径为1.5cm，每个圆形缝制2圈，款式如图5-19所示。

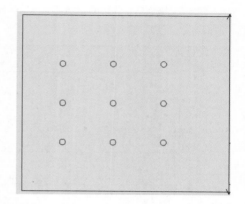

图5-19　打枣垫款式图

二、打枣垫模板工艺设计

　　以纤维板材料模板+铝型框为主。

1. 创建打枣垫模板

　　步骤：（1）选择智能笔工具 ✎ ，在空白处按住左键拖动鼠标，放开左键弹出对话框，输入宽度"47"，长度"47"，如图5-20所示。用智能笔工具 ✎ （平行线功能）根据要求画出相应3×3格子，如图5-21所示。选择cr圆弧工具 ⌒ ，点击在每个平行线的交叉点内，输入半径"0.75"，如图5-22所示。最后把辅助线用橡皮擦工具 ✎ 删除即可，如图5-23所示。

　　（2）作模板框：选中制模板工具 ⊡ ，按住鼠标左键在界面空白处进行框选，弹出【创

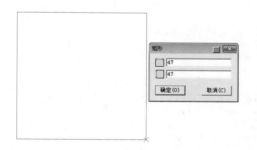

图5-20　输出矩形

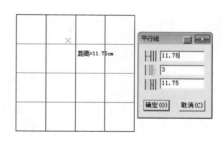

图5-21　画出格子

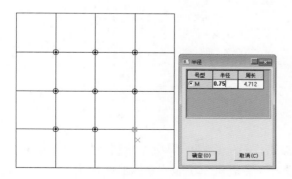

图5-22　输入半径

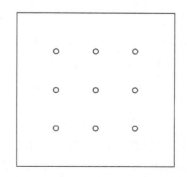

图5-23　擦去辅助线

建规则模板】对话框，如图5-24所示。

注意，W、H的尺寸需要根据不同机型的框架尺寸而定。

（3）复制与合并：选中移动工具，按住鼠标左键框选（图5-23），右键单击结束，然后左键单击一个可移动点，拖进图5-24中，左键单击结束，完成合并，如图5-25所示。

注意，样品比较小的时候，一个模板中可依情况而放置多个。

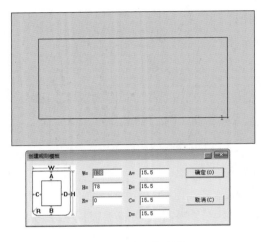

图5-24 模板框制作

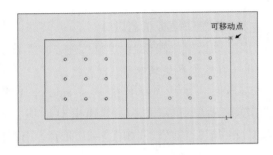

图5-25 复制合并

（4）缝制模板工具生成线迹：选中缝制模板工具，左键逐个单击，点选需要缝制的纫线，逐一弹出对话框。

指定针迹步长为0.2cm。加固属性为整体加固，次数为2次。

起点和终点缝制属性取消勾选"有回针"，如图5-26所示。

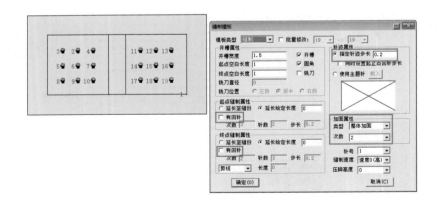

图5-26 缝制模板设置

选中压线功能，单击左键在图5-26中点击任意一个圆，弹出【缝制模板】对话框，勾选"启动压线"，点击选中的纸样，点击"设置"完成压线功能，如图5-27所示。

注意，点击设置后会出现方向（箭头），要求箭头尾端必须在圆的中心，如箭头不在圆中心，可用压线功能点击箭头两次，进行移动。

（5）制作模板线迹定位点：选中智能笔工具 ✎ ，左键单击任意一个圆弧，作出十字效果，选中模板缝制工具 ，按"Shift"键切换两次，切换成定位点功能 ，在作好的十字中心点内单击，如图5-28所示。

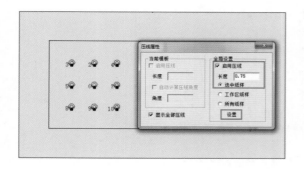

图5-27　压线属性图

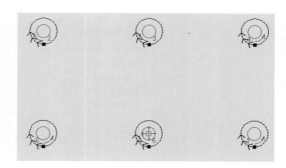

图5-28　模板定位点

2. 输出缝制线迹

选中抓手工具 ，左键单击需要输出的模板，点击文档，点击"输出自动缝制文件"，如图5-29所示。输入文件名称，点击指定保存路径，确定保存，如图5-30所示。

注意，保存的格式为.DSR格式，主要录入全自动模板缝纫机中进行缝制。保存路径可任意保存指定位置。

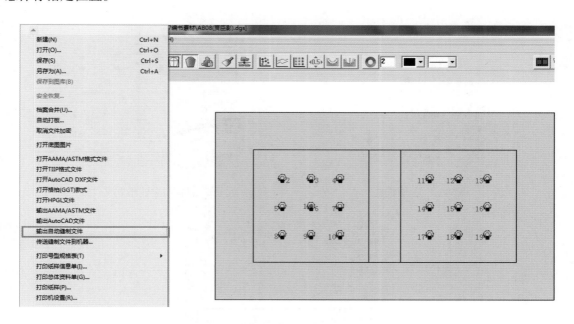

图5-29　输出自动缝制文件

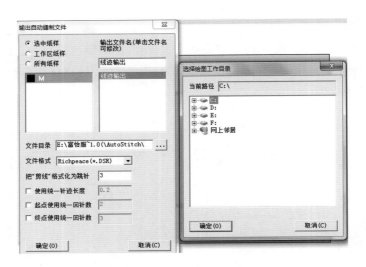

图5-30 输出文件名称并选择保存路径

3. 输出绘图文件

单击绘图工具![icon]，弹出【绘图】对话框，点击"设置"，勾选"输出到文件"，点击![icon]，输入保存的切割名称。点击"保存"，点击"确定"，如图5-31~图5-33所示。

输出绘图切割后，输出的.plt格式文件导入铣切机进行切割。切割后将模板四周与铝型框用螺丝固定。将打枣垫放到组装好的模板上，机器中用.DSR线迹文件进行缝制，模板、成品效果如图5-34、图5-35所示。

图5-31 绘图设置

图5-32 勾选输出到文件

图5-33 输入文件名称并保存

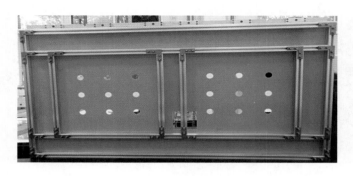

图5-34　模板

图5-35　成品效果

第三节　沙发靠背模板

一、沙发靠背款式图与样板图

1. 沙发靠背款式图

沙发靠背款式图，如图5-36所示。

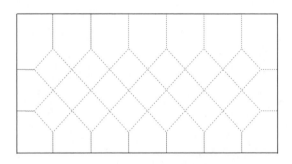

图5-36　沙发靠背款式图

2. 沙发靠背样板图

如图5-37所示，根据图纸标出的尺寸用智能笔画出。

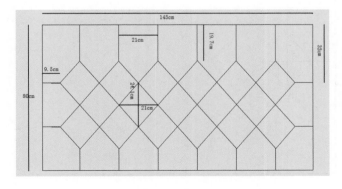

图5-37　画出相应尺寸

（1）选中智能笔工具 ✍，根据尺寸画出相应位置线，如图5-38所示。

（2）选中移动工具 ▤，复制粘贴图5-38的图形，如图5-39所示。

（3）选中移动工具 ▤，连续复制粘贴图5-39的图形，如图5-40所示。

（4）选中智能笔工具 ✍，将缺少的线条进行补充，如图5-41所示。

（5）选中剪刀工具，将线连接到一起，如图5-42所示。

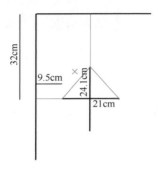

图5-38　画出相应位置线

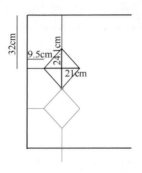

图5-39　复制粘贴

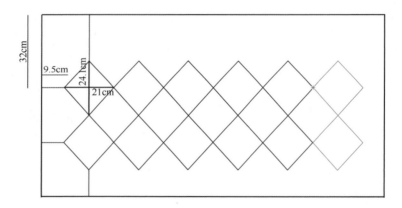

图5-40　连续复制粘贴

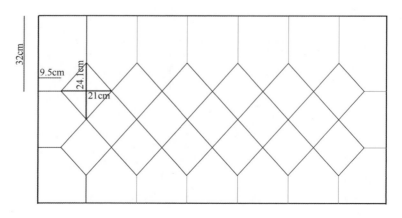

图5-41　补充缺少的线

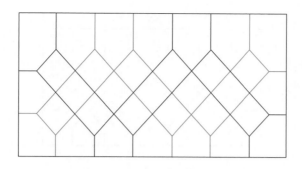

图5-42　将线条进行连接

注意，图5-42在连接时会有重线，此为正常情况。整个花板不会全部连接到一起，连接后会如图中的线条所示。

二、沙发靠背模板工艺设计

此处以铝框万能模板为主。

1. 创建规则模板

选中缝制模板工具，按住鼠标左键在界面空白处框选，弹出【创建规则模板】对话框，如图5-43所示。

注意，W、H的尺寸需要根据不同机型的框架尺寸而定。

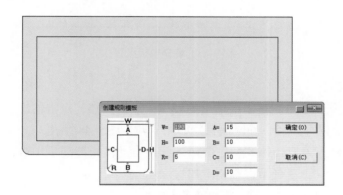

图5-43　模板框制作

（1）复制与合并：选中工具，按住鼠标左键框选（图5-42），右击结束、单击左键一个可移动点，拖进图5-43中，单击左键结束，完成合并，如图5-44所示。

（2）缝制模板工具生成线迹：选中缝制模板工具，按住鼠标左键框选需要缝制的纫线，弹出【缝制模板】对话框。指定针迹步长为0.4cm，如图5-45所示。

（3）制作模板线迹定位点。选中cr圆弧工具，按"Shift"键将半圆切换成整圆，单击在模板方框左下角或右下角位置，弹出对话框，输入半径0.15cm，确认模板定位点。选中智能笔工具，左键单击作好的圆弧，作出十字效果。选中模板缝制工具，按"Shift"键切换两次，切换成定位点功能。在作好的十字中心点内单击，如图5-46所示。

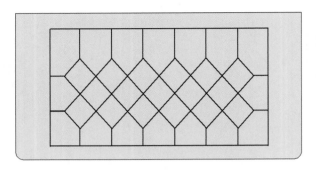

图5-44　复制合并

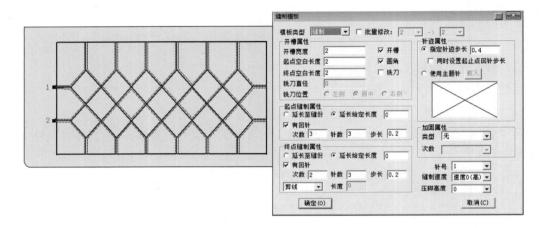

图5-45　缝制模板设置

2. 输出缝制线迹

选中抓手工具🖐，单击左键需要输出的模板，点击文档，点击输出自动缝制文件，输入文件名称，点击指定保存路径，确定保存，如图5-47、图5-48所示。

注意，保存的格式为.DSR格式，主要录入到全自动模板缝纫机中进行缝制。保存路径可任意保存指定位置。

3. 输出喷墨打印

单击绘图工具🖫，弹出【绘图设置】对话框，点击"设置"，勾选"输出到文件"，点击⋯，输入保存的绘图名称。点击"保存""确定"，如图5-49～图5-51所示。

此文件输出的.plt用于喷墨打印，打印出的图纸用作金属万能模板的底图。根据底图绗线轮廓位置，调整夹子位置，调整完毕后取出底图，再放置裁片进行缝制。完成后成品效果图如图5-52、图5-53所示。

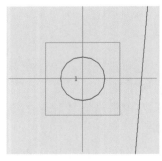

图5-46　模板线迹定位点

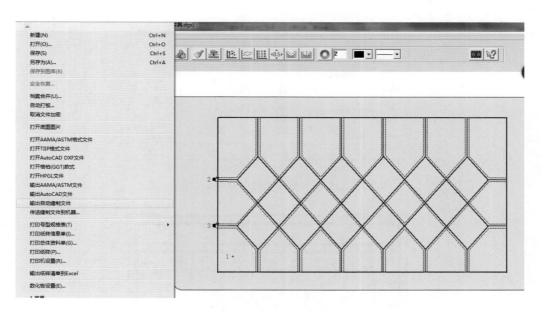

图5-47 输出自动缝制文件

图5-48 输出文件名称并选择保存路径

图5-49 绘图设置

图5-50 勾选输出到文件

图5-51　输出文件名称并保存

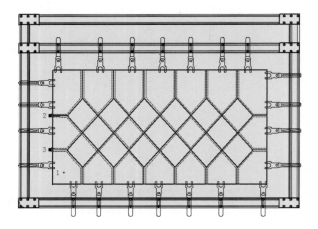

图5-52　模板

图5-53　成品效果

第六章 汽车类工艺模板开发案例

随着我国人民生活水平的不断提高，汽车作为一种普通的交通工具已走进千家万户，为我们的生活提供了便利，促进了社会的发展。汽车需求量大，开发汽车类工艺模板种类越来越多，目前汽车冲孔模板、汽车内饰扶手模板、汽车遮阳板模板逐渐占领市场，本章节将详细介绍这三类模板。

第一节 汽车冲孔模板

一、汽车冲孔模板制作

汽车冲孔款式图如图6-1所示。根据指定图纸做出相应冲孔文件，如图6-2所示。

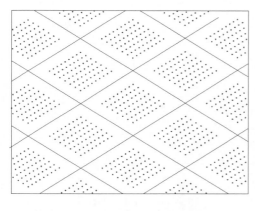

图6-1 汽车冲孔款式图

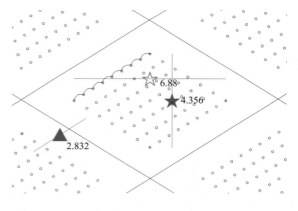

图6-2 冲孔文件

二、汽车冲孔模板工艺设计

此处以铝型框为主。

1. 创建汽车冲孔模板

在软件中不需要画出每个孔的效果图，孔与孔之间以直线形式代替即可。

用智能笔工具 ✐ 和移动工具 ⊞ 即可完成此步骤。用智能笔工具根据实际尺寸画出菱形的十字线，再用智能笔工具沿着十字的端点连接成菱形块，最后把十字辅助线用橡皮擦工具删除，用智能笔的平行线工具作出5条平行线，如图6-3所示。用智能笔的平行线功能作出2.832的平行线，用移动工具将做好的图6-3复制到端点上，如图6-4所示。用移动工具复制一组菱形斜线，进行循环复制，如图6-5所示。用移动工具复制功能将菱形循环复制成大图，如图6-6所示。再用智能笔工具画出菱形格中间绗线，如图6-7所示。

　　注意，以上循环复制主要找出可循环作用的循环点，即可完成复制目的。

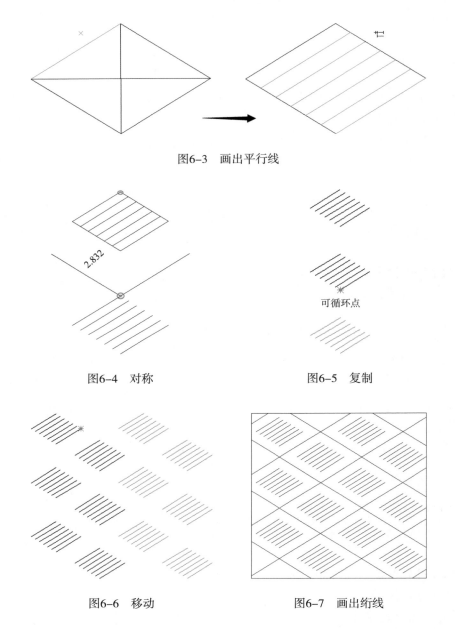

图6-3　画出平行线

图6-4　对称　　　　　　　　　　图6-5　复制

图6-6　移动　　　　　　　　图6-7　画出绗线

　　（1）生成图纸：选中剪刀工具，左键拖动鼠标框选（图6-7），右击结束，生成冲孔图，如图6-8所示。

　　（2）缝制模板工具生成线迹：选中缝制模板工具，左键框选需要冲孔的绗线，右键单击结束，弹出【缝制模板】对话框。指定针迹步长为根据指定份数计算一个的尺寸。针号为2。起点和终点缝制属性取消勾选"有回针"，如图6-9所示。

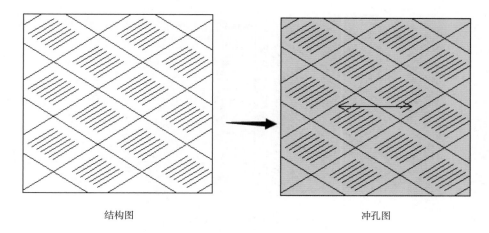

结构图　　　　　　　　　　　　　冲孔图

图6-8　生成冲孔图

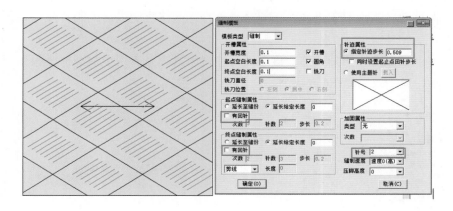

图6-9　缝制模板设置

（3）冲孔/缝纫编辑：选中模板缝制工具 ，按"Shift"切换两次，切换成定位点功能 ，在边缘拐角处定位，如图6-10所示。选中缝制模板工具 ，单击键盘上的数字"1"，从顺序1开始依次点击所缝制的数量，如图6-10所示。

（4）选中模板缝制工具 ，按"Shift"切换一次，切换成暂停点功能 ，在冲孔边框内任意位置单击左键，如图6-11所示。选中缝制模板工具 ，左键框选需要缝制的绗线，右击结束，弹出【缝制模板】对话框。指定针迹步长为根据指定份数计算一个的尺寸。针号为1。起点和终点缝制属性（有回针）勾选，如图6-11所示。

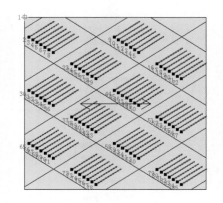

图6-10　冲孔/缝纫编辑

注意，冲孔为机头2→暂停点 →缝纫为机头1。制作"冲+缝"文件需要按此顺序。

2. 输出缝制文件

选中抓手工具 ，左键单击需要输出的模板，点击文档，点击"输出自动缝制文件"，

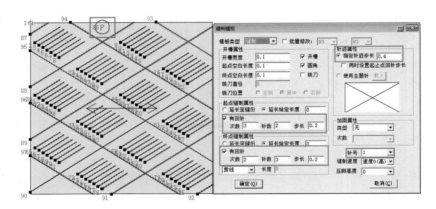

图6-11　缝制模板针步属性设置

输入文件名称，点击指定保存路径，点击"确定"保存，如图6-12所示。

注意，保存的格式为.DSR格式，主要录入到冲缝一体机中进行缝制。保存路径可任意保存指定位置。

以上步骤不需要输出切割文件，只需进行冲缝编辑，主要用于铝型框模板，铝型框模板如图6-13所示，成品效果如图6-14所示。

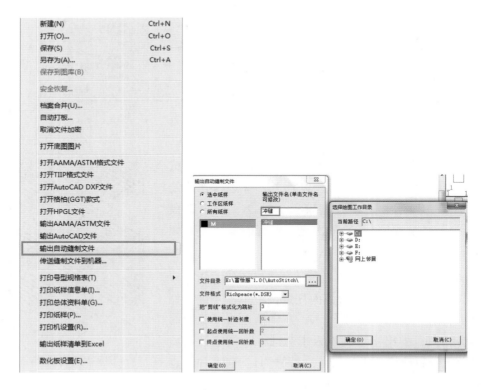

图6-12　输出自动缝制文件并选择保存路径

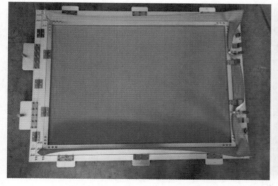

图6-13　铝型框模板

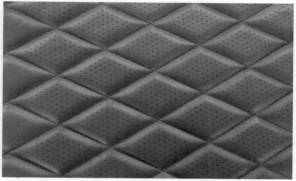

图6-14　成品效果

第二节　汽车内饰扶手模板

一、汽车内饰扶手款式图

汽车内饰扶手款式图如图6-15所示。

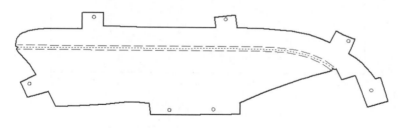

图6-15　汽车内饰扶手款式图

二、汽车内饰扶手模板工艺设计

此处以纤维板为主。

1. 模板文件制作

此模板需要制作三层组合模板，第一层模板文件制作如下所示：

（1）选中缝制模板工具，左键框选需要开槽的纡线，右击结束弹出对话框，确认即可，如图6-16所示。

（2）选中缝制模板工具，左键拖动鼠标，在界面空白处进行框选，弹出【创建规则模板】对话框，如图6-17所示。

（3）选中抓手工具，将模板框（图6-16、图6-17）移动到一起。缝制模板工具，右键单击进行合并，再用抓手工具移出即可，如图6-18所示。

（4）用cr圆弧工具作出磁铁孔（孔径按照实际磁铁尺寸设定），再用缝制模板工具做出定位点，如图6-19所示。

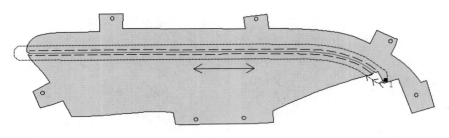

图6-16　绗线开槽

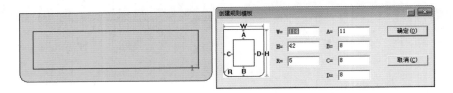

图6-17　模板框制作

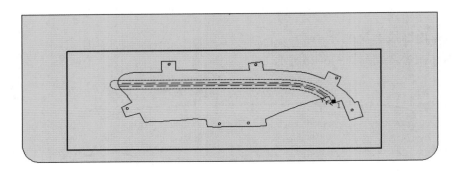

图6-18　合并

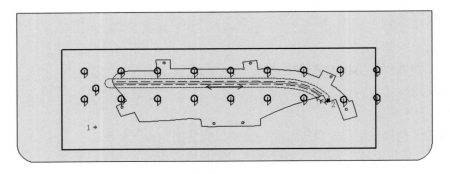

图6-19　画出磁铁孔

　　第二层模板文件制作如下所示：

　　（1）选中抓手工具，左键单击选中图6-19所示图形，点击"Ctrl+C"复制，"Ctrl+V"粘贴，如图6-20所示。

　　（2）选中分割工具，分割粘贴出的模板上距边缘线6cm左右的矩形。删除（Ctrl+D）分割出的线，如图6-21所示。

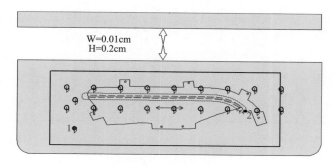

图6-20　复制、粘贴

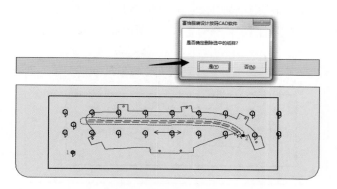

图6-21　分割线删除

第三层模板文件制作如下所示：

（1）选中抓手工具 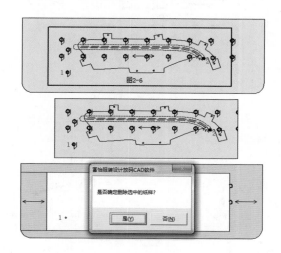，左键单击选中如图6-21所示图形，点击"Ctrl+C"复制，"Ctrl+V"粘贴。

（2）选中分割工具 ，分割内边框粘贴模板，"Ctrl+D"删除外边框，如图6-22所示。

（3）将第三层的模板，用设置线的颜色类型工具设置切割线，如图6-23所示。

图6-22　外边框删除

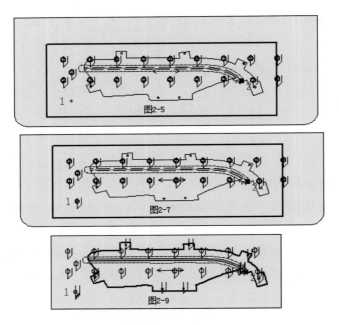

图6-23　设置切割线

2．输出绘图切割

　　单击绘图工具![图标]，弹出【绘图】对话框，点击"设置"，勾选"输出到文件"，点击![图标]，输入保存的切割名称。点击"保存""确定"，如图6-24~图6-27所示。

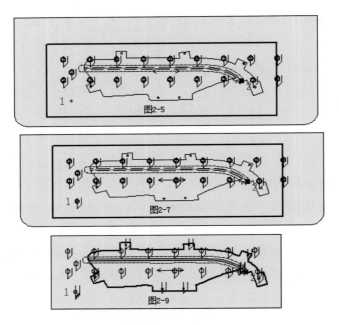

图6-24　绘图输出

图6-25　绘图设置

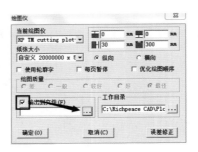

图6-26　勾选输出到文件

图6-27　输出文件名称并保存

3. 线迹制作

此花板要求双色，中间一种颜色，针步密（如0.3cm），两边线颜色一致，针步稀（如0.5cm）。

任选图6-19或图6-21，复制、粘贴，用粘贴的模板进行线迹编辑。将两边线用剪刀工具剪断（每个线段0.5cm），如图6-28所示。将每个线段逐条生成缝纫线迹。两边缝线为机头1，以蓝色线区分；中间缝线为机头2，以绿色线区分，如图6-29所示。

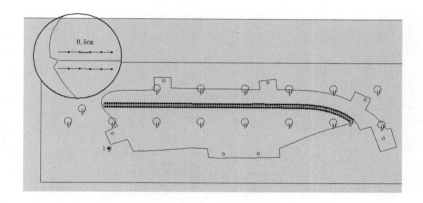

图6-28　剪刀剪断

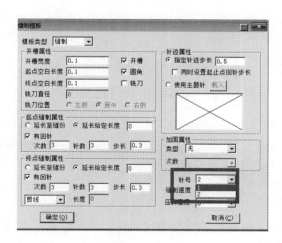

图6-29

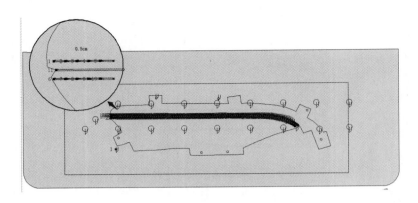

图6-29　生成缝纫线迹

4. 输出缝制文件

选中抓手工具，左键单击需要输出的模板，选择菜单栏"文档"，点击"输出自动缝制文件"，输入文件名称，选择指定保存路径，点击"确定"保存，如图6-30所示。

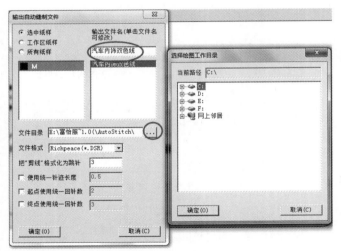

图6-30　输出自动缝制文件并选择保存路径

将第一层为底，第三层与第一层相互黏合，再将第二层放置为盖板，中间放置材料即可缝制，如图6-31～图6-33所示。

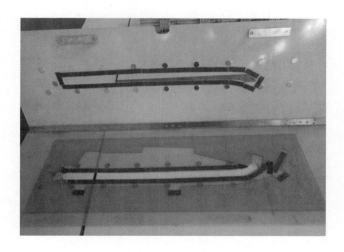

图6-31 模板组装

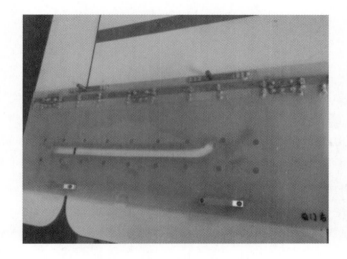

图6-32 模板组装

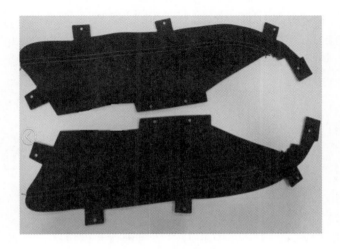

图6-33 缝制成品效果

第三节 汽车遮阳板模板

一、汽车遮阳板款式图

汽车遮阳板款式图，如图6-34所示。

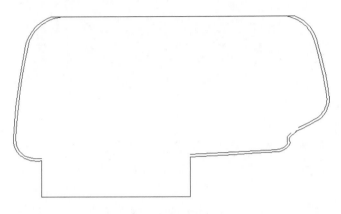

图6-34 汽车遮阳板款式图

二、汽车遮阳板模板工艺设计

此处以PETG\PVC模板为主。

1. 模板文件制作

此模板需要制作双层组合模板，第一层模板文件制作如下所示：

（1）选中缝制模板工具，单击左键在界面空白处进行框选，弹出对话框，如图6-35所示。

（2）选中移动工具，将图6-34复制到图6-35中进行排列，完成如图6-36所示。

（3）将做好的图6-36用cr圆弧工具作出图钉孔、磁铁孔、定位孔。孔径按照实际尺寸设定，如图钉孔半径0.03cm、磁铁孔半径0.89cm、定位孔半径0.15cm，如图6-37所示。

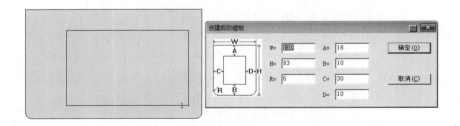

图6-35 模板框制作

（4）选中缝制模板工具，将图6-37内部线进行开槽缝纫，外部线设置刀切裁片功能，如图6-38所示。整体效果如图6-39所示。

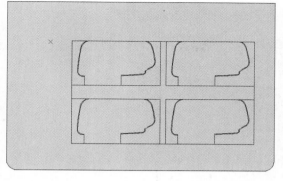

图6-36　移动复制排列

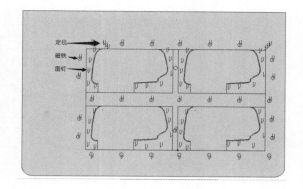

图6-37　定位孔、磁铁孔、图钉孔

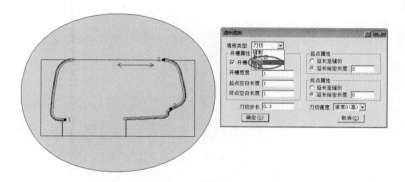

图6-38　缝制模板设置刀切

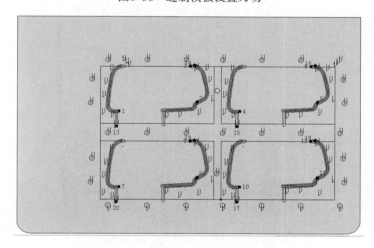

图6-39　整体效果

第二层模板文件制作如下所示：

（1）选择抓手工具，左键单击选中如图6-39所示图形，点击"Ctrl+C"复制，"Ctrl+V"粘贴。

（2）选择分割工具，将粘贴的模板分割上、左、右边缘线。将分割出的线进行删除（Ctrl+D），如图6-40所示。

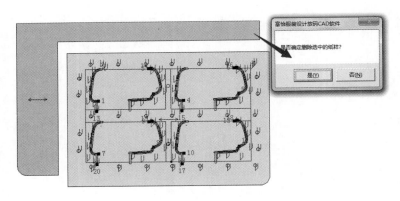

图6-40　删除分割出的线

2. 输出绘图切割

单击绘图工具 ，弹出【绘图】对话框，点击"设置"，勾选"输出到文件"，点击 ，输入保存的切割名称。点击"保存""确定"，如图6-41~图6-44所示。

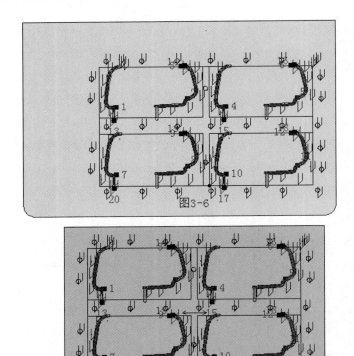

图6-41　绘图输出

3. 输出缝制文件

选中抓手工具 ，左键单击需要输出的模板，选择"文档"，点击"输出自动缝制文件"，输入文件名称，点击指定保存路径，点击"确定"保存，如图6-45所示。

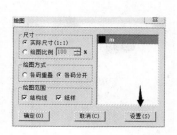

图6-42　绘图设置

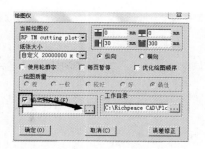

图6-43　勾选输出到文件

图6-44　输出文件名称并保存

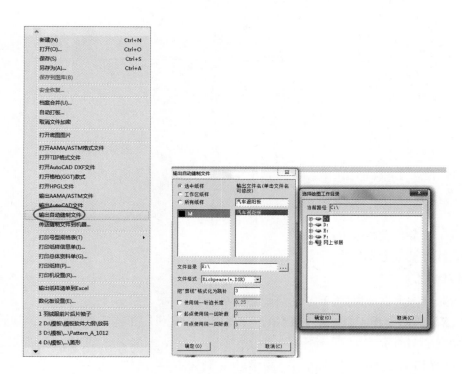

图6-45　输出自动缝制文件并选择路径

　　第一层为底板，第二层为上层盖板，用布基胶带将两层粘住，中间放置材料即可缝制，模板如图6-46所示，成品图如图6-47所示。

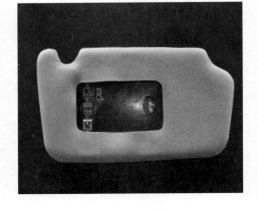

图6-46　模板　　　　　　　　　　　　　　　图6-47　成品图

第四节　汽车安全气囊模板

一、汽车安全气囊款式图

汽车安全气囊款式图如图6-48所示。

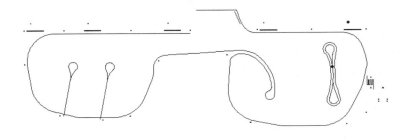

图6-48　汽车安全气囊款式图

二、汽车安全气囊模板工艺设计

此处以纤维模板为主。

1. 模板工艺设计

此模板共分为上下两层，第一层模板工艺设计如下所示：

（1）选择缝制模板工具，左键单击在界面空白处进行框选，弹出【创建规则模板】对话框，如图6-49所示。

（2）选择移动工具，将图6-48所示图形复制到图6-49中进行排列，如图6-50所示。

（3）将作好的图6-50用cr圆弧工具作出螺丝孔、定位销孔、定位孔。孔径按照实际尺寸定，如螺丝孔直径0.33cm、定位销孔直径0.2cm、定位孔直径0.15cm，如图6-51所示。

（4）选择缝制模板工具，将如图6-51所示的内部线进行开槽缝制，如图6-52所示。

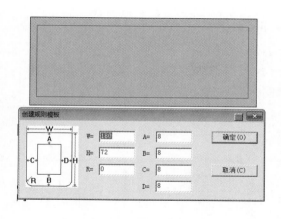

图6-49　模板框制作

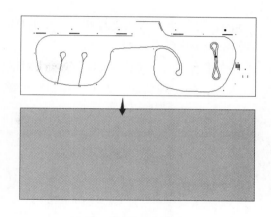

图6-50　移动复制排列

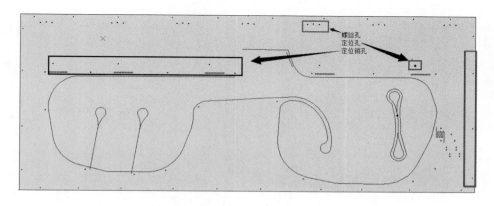

图6-51　螺丝孔、定位孔、定位销孔

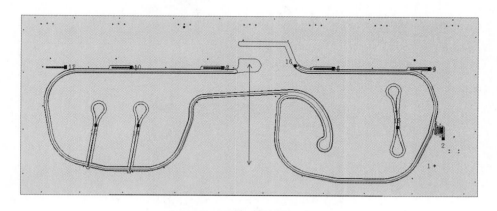

图6-52　开槽缝纫

第二层模板工艺设计如下所示：

（1）选择抓手工具🖐，左键单击选中图6-52所示图形，点击"Ctrl+C"复制，"Ctrl+V"粘贴。

（2）选择分割工具✎，将粘贴出的模板分割上、下、左、右边缘线，每个边缘分割

3.5cm，将分割出的线进行删除（Ctrl+D），如图6-53所示。

2. 输出绘图切割

选择绘图工具 ，弹出【绘图】对话框，点击"设置"，勾选"输出到文件"，点击 ，输入保存的切割名称。点击"保存""确定"，如图6-54～图6-57所示。

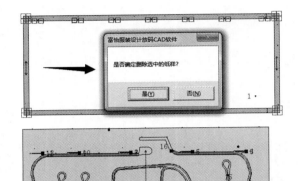

图6-53　删除分割出的线

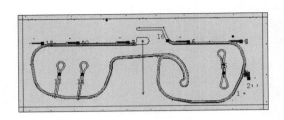

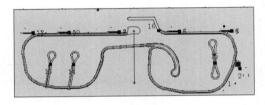

图6-54　绘图输出

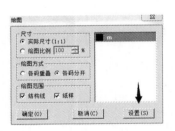

图6-55　绘图设置

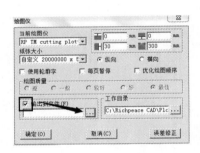

图6-56　勾选输出到文件

图6-57　输出文件名称并保存

3. 输出缝制文件

选择抓手工具 ，左键单击需要输出的模板，选择菜单"文档"，点击"输出自动缝制文件"，输入文件名称，点击指定保存路径，点击"确定"保存，如图6-58所示。

第一层为底板，第二层为上层盖板，边框用铝型材固定，中间放置材料即可缝制，如图6-59所示。

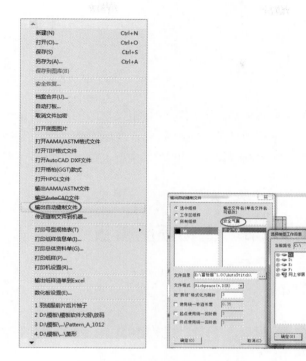

图6-58 输出自动缝制文件并选择保存路径

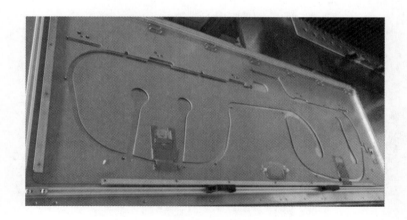

图6-59 模板

第七章 特型工艺模板开发案例

养宠物是现在年轻人新兴的时尚热潮，人们对宠物相关物品的市场需求越来越强。因此我们开发了宠物项圈模板，此模板是用黄色纤维板制成，难度系数稍大；其中使用的火箭隔热层是不常见的特殊材料，是一种耐高温材料；空调隔热层也是特殊材料，所以这一章命名为特型工艺模板。

第一节 宠物项圈模板

一、宠物项圈款式图与样板图

1. 款式图

本章节介绍的是一款宠物狗的颈圈，其具有缝制结构复杂、缝制重合部位多、样品零部件多等特点。款式图如图7-1所示。

2. 样板图

颈圈样板图如图7-2所示。

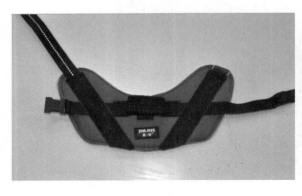

图7-1 款式图

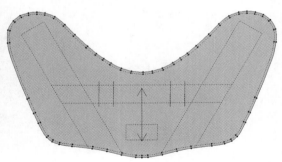

图7-2 项圈样板图

二、宠物项圈模板工艺设计

1. 设置开槽属性

开槽宽度要控制在0.8cm左右。选择开槽工具，选中样片需要开槽的位置，弹出【缝制模板】对话框，设置开槽属性，如图7-3所示。

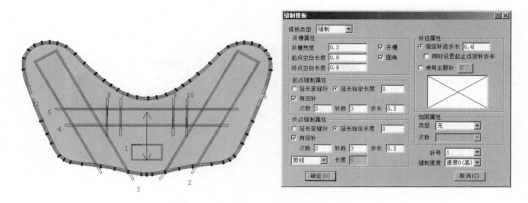

图7-3　缝制模板设置

2. 创建宠物项圈模板

本款项圈模板设计为三层模板，材质可选用纤维模板、环氧板或不锈钢。下层模板放置样片，中层模板样片定位，上层模板压住样片进行缝制。上层模板翻开可选用金属合页。

选择开槽工具，创建模板，用抓手 工具将开好槽的样片拖进创建的模板中。选择开槽工具 ，在模板边缘右键单击，样片与模板合并，如图7-4所示。

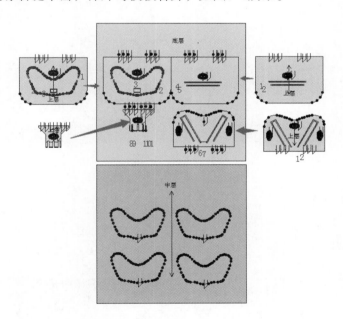

图7-4　样片与模板合并

鼠标双击"Shift"键，创建模板定位点 。定位点用画圆工具 画出1.5mm半径圆圈，定位点要点在圆心，如图7-5所示。

3. 输出绘图切割

纤维模板要用铣刀车床切割，根据不同车床需要的格式进行保存，如图7-6所示。

还可以保存通用格式（dxf格式），根据不同机床再进行转换。

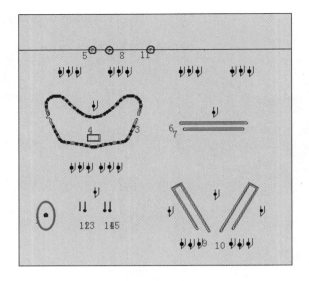

图7-5 模板线迹定位点

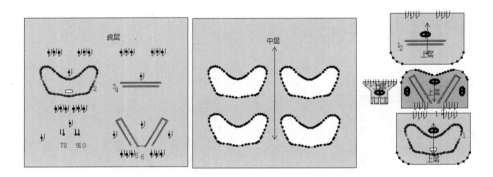

图7-6 输出绘图切割

4．输出缝制文件

输出线迹文件要选择底层模板，如图7-7所示。

（1）起点缝制属性：有数字的方向为起点。

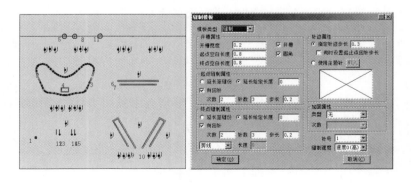

图7-7 缝制模板设置

起点（有回针）：次数—针数—步长 ▭ （起针回针示意图）。

终点（有回针）：次数—针数—步长 ▭ （终点回针示意图）。

（2）针步属性：制订针迹步长0.3～0.5.cm（如有特殊情况可根据要求而定）。如果选择"同时设置起止点回针步长"，则起针、收针的回针步长将同步。

注意，此模板缝制分四次，缝制顺序1～4为第一步，5为暂停点，6～7为第二步，8为暂停点，9～10为第三步，11为暂停点，12～15为第四步。

（3）保存缝制线输出，如图7–8所示。

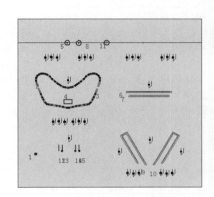

图7–8　输出自动缝制文件

第二节　火箭隔热层模板

一、火箭隔热层款式图
火箭隔热层式图如图7-9所示。

二、火箭隔热层模板工艺设计
此处可选纤维模板/PVC/PEVC。

1. 创建火箭隔热层模板

（1）选择缝制模板工具，左键单击，在界面空白处框选，弹出【创建规则模板】对话框，如图7–10所示。

（2）选择移动工具 ▭ ，将图7–9复制到图7–10中进行排列，完成如图7–11所示。

（3）将作好的图7–11用cr圆弧工具做出磁铁孔、定位孔。孔径按照实际尺寸设定，再用缝制模板工具在孔位置上设定刀切功能，如

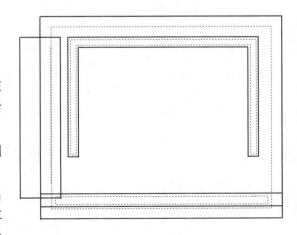

图7–9　火箭隔热层款式图

磁铁孔半径0.89cm、定位孔半径0.15cm，如图7-12所示。

（4）选择缝制模板工具，将图7-12内部线进行开槽缝纫，如图7-13所示。

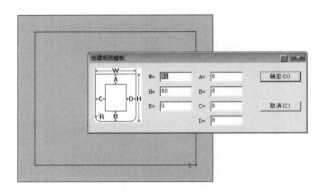

图7-10　模板框制作

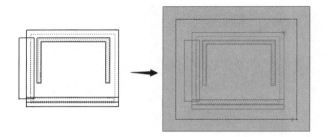

图7-11　移动复制排列

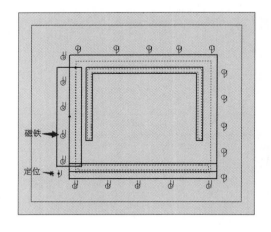

图7-12　磁铁孔定位孔

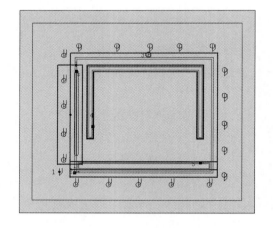

图7-13　开槽缝纫

2.　**输出绘图切割**

选择绘图工具，将图7-13绘图输出，弹出【绘图设置】对话框，点击"设置"，勾选"输出到文件"，点击，输入保存的切割名称。点击"保存""确定"，如图7-14~图7-16所示。

图7-14 绘图设置

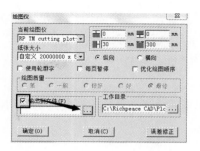

图7-15 勾选输出到文件

图7-16 输出文件名称并保存

3. 输出缝制文件

选中抓手工具，左键单击需要输出的模板，点击菜单"文档"。点击"输出自动缝制文件"，输入文件名称，点击指定保存路径，点击"确定"保存，如图7-17所示。

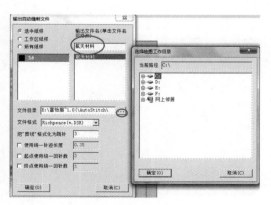

图7-17 输出自动缝制文件并选择保存路径

模板的制作步骤比较简单，主要难点细节为：

（1）针步 不低于1cm。

（2）机器的收线装置与常规不同。

（3）电控参数为独立参数，与常规不同。

由于航天材料属于保密材料，因此不展示成品效果图。

第三节　空调隔热垫模板

一、空调隔热垫款式图与样板图

隔热垫在工业领域、中央空调、汽车业、航天及火箭中应用非常广泛，其材料都是特殊材质。隔热垫厚重、坚硬，有的材料在人工缝制过程中会对操作工人的皮肤造成伤害，需要用隔热垫进一步减少伤害。

1. 款式图

空调隔热垫款式图，如图7-18所示。

2. 样板图

空调隔热垫结构图，如图7-19所示。

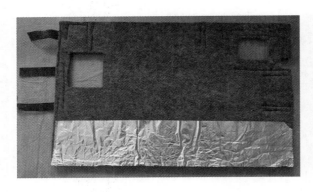

图7-18　空调隔热垫实物

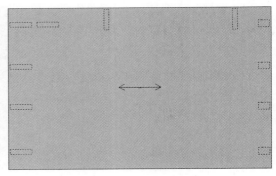

图7-19　隔热垫结构图

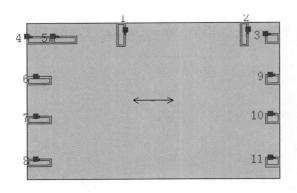

图7-20　缝制模板设置

二、空调隔热垫模板工艺设计

1. 设置开槽属性

隔热垫模板可用来缝制魔术贴和带子，魔术贴开槽尺寸要与样品魔术贴尺寸相同，开槽宽度要控制在0.7cm左右。把样片需要开槽的位置用开槽工具选中，弹出模板对话框，设置开槽属性，如图7-20所示。

2. 创建空调隔热垫模板

本款隔热垫模板设计为三层模板，材质可

选用PVC或纤维模板、环氧板。下层模板放置样片，中层模板样片定位，上层模板压住样片进行缝制。上层模板翻开可选用金属合页。

用开槽工具创建模板，用抓手 工具将开好槽的样片拖进创建的模板中。用开槽工具 在模板边缘右键单击，样片与模板合并，如图7-21所示。

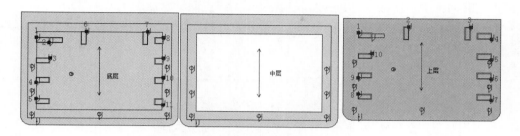

图7-21 样片与模板合并

双击"Shift"键创建模板定位点 ，定位点用画圆工具 画出1.5mm半径圆圈，定位点要点在圆心，如图7-22所示。

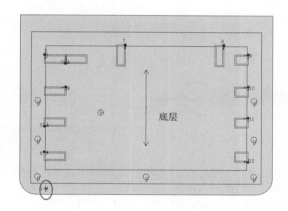

图7-22 模板定位点

3. 输出绘图切割

纤维模板要用铣刀车床切割，根据不同的车床需要保存相应格式，如图7-23所示。还可以保存通用格式（dxf格式），根据不同机床再进行转换。

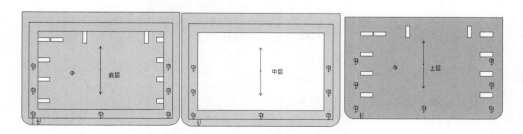

图7-23 输出绘图切割

4. 输出缝制文件

输出线迹文件要选择底层模板，如图7-24所示。

（1）起点缝制属性：有数字的方向为起点。

起点（有回针）：次数—针数—步长 ▨▨▨▨（起针回针示意图）。

终点（有回针）：次数—针数—步长 ▨▨▨▨（终点回针示意图）。

（2）针步属性：制订针迹步长0.4～0.8cm（如有特殊情况可根据要求而定）。如果选择"同时设置起止点回针步长"，则起针、收针的回针步长将同步。

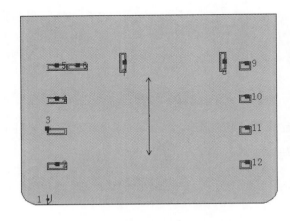

图7-24　缝制线迹

（3）保存缝制线迹输出，如图7-25所示。

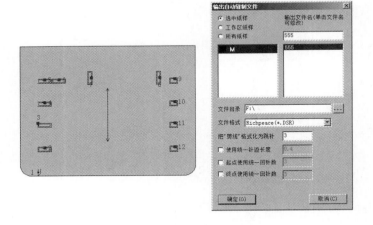

图7-25　输出自动缝制文件

责任编辑：宗 静 苗 苗
封面图片：殷 薇
封面设计：ZTSA
中通世奥图文设计 出品

工艺模板开发
实训教程

GONGYI MUBAN KAIFA
SHIXUN JIAOCHENG

- 工艺模板概述
- 服装类工艺模板开发案例
- 鞋帽类工艺模板开发案例
- 箱包类工艺模板开发案例
- 家纺类工艺模板开发案例
- 汽车类工艺模板开发案例
- 特型工艺模板开发案例

上架建议：服装·技术

ISBN 978-7-5229-0340-8

9 787522 903408 >

定价：59.80 元

中纺教学服务网

中国纺织出版社有限公司
官方微信

扫二维码
可见本书课件

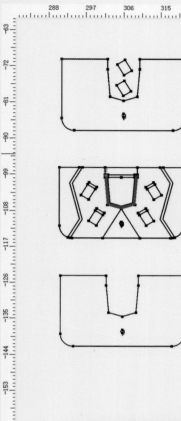

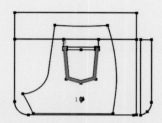

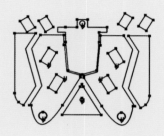

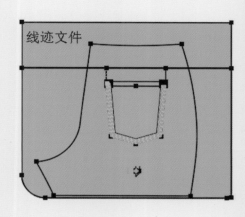

线迹文件

FUZHUANG MUBAN
CAD JIAOCHENG

服装模板
CAD教程

本书附赠
课件资源

李帅　虞紫英　孙宇飞 / 著

中国纺织出版社有限公司

国家一级出版社
全国百佳图书出版单位